Grundschule

Birgit Brandenburg

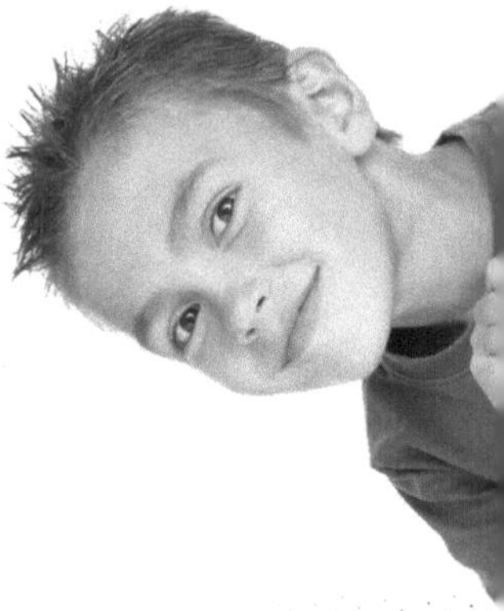

Erforsche Planeten & Sterne

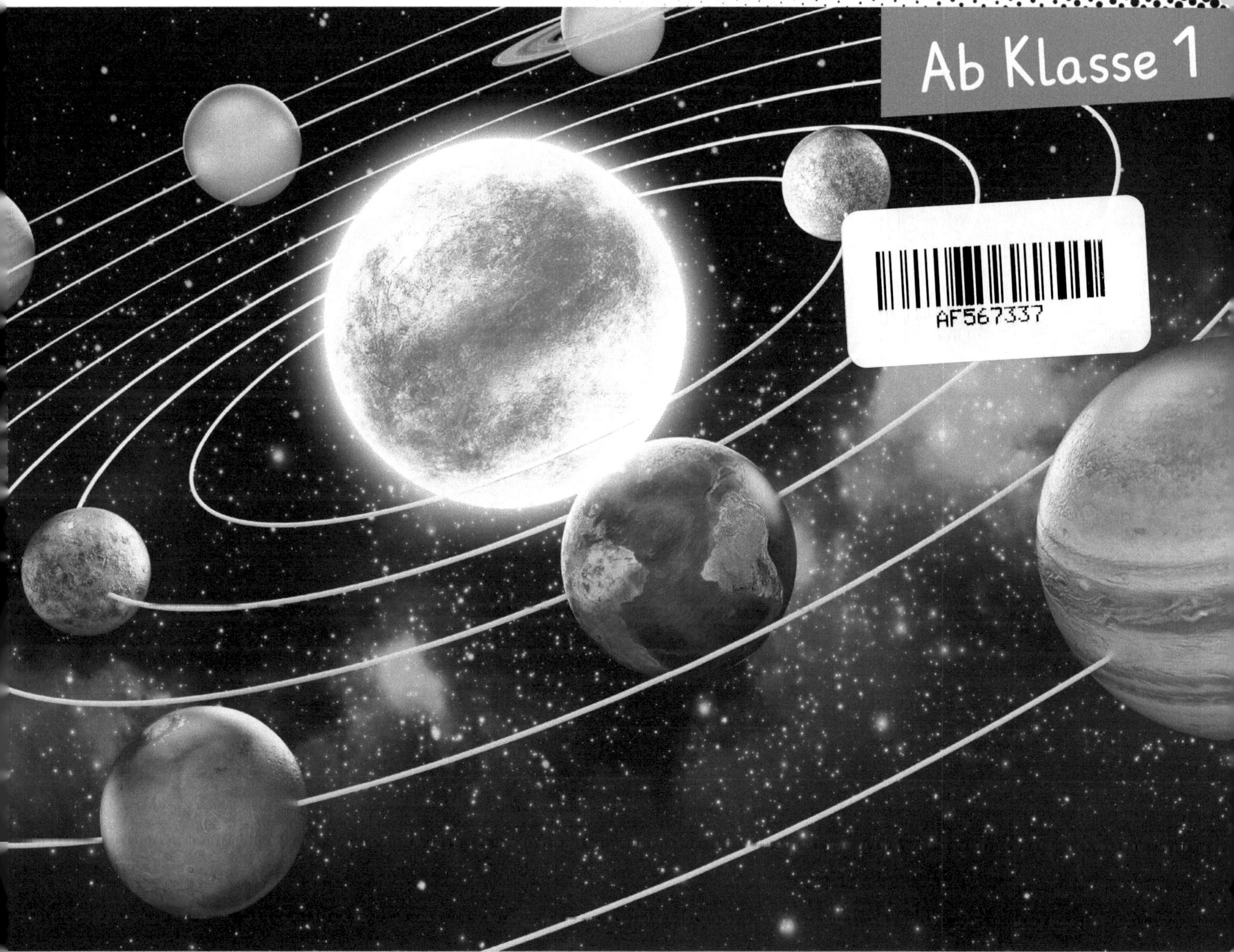

Ab Klasse 1

Unsere Erde, der Mond, die Sonne, unser Sonnensystem und seine Planeten, ferne Galaxien u.v.m.

Erforsche Planeten und Sterne

Sachunterricht Grundschule

6. Auflage 2025

Inhalt: Birgit Brandenburg
Umschlagbilder: © vika_k, Serhiy Kobyakov & destina - AdobeStock.com
Cliparts: © clipart.com
Redaktion: Kohl-Verlag
Grafik & Satz: Kohl-Verlag
Druck: Elanders Druck, Waiblingen

Bestell-Nr. 11 722

ISBN: 978-3-95686-707-1

Kontakt: Kohl-Verlag, An der Brennerei 37-45, 50170 Kerpen
Tel: +49 2275 331610, Mail: info@kohlverlag.de

Unsere Lizenzmodelle

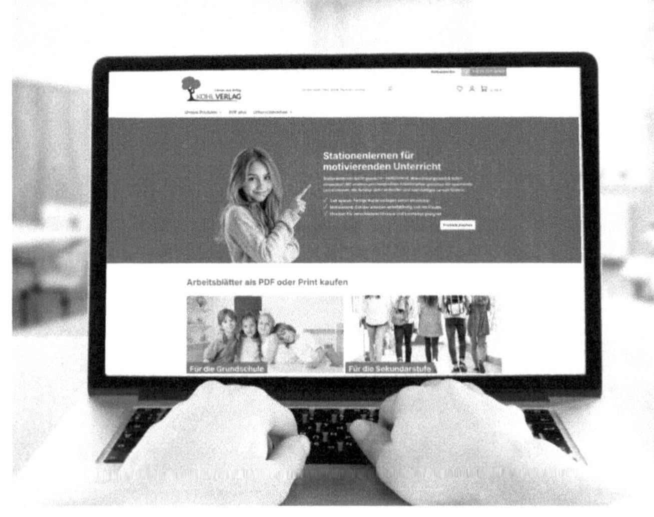

Der vorliegende Band ist eine Print-Einzellizenz

Sie wollen unsere Kopiervorlagen auch digital nutzen? Kein Problem – fast das gesamte KOHL-Sortiment ist auch sofort als PDF-Download erhältlich! Wir haben verschiedene Lizenzmodelle zur Auswahl:

	Print-Version	PDF-Einzellizenz	PDF-Schullizenz	Kombipaket Print & PDF-Einzellizenz	Kombipaket Print & PDF-Schullizenz
Unbefristete Nutzung der Materialien	x	x	x	x	x
Vervielfältigung, Weitergabe und Einsatz der Materialien im eigenen Unterricht	x	x	x	x	x
Nutzung der Materialien durch alle Lehrkräfte des Kollegiums an der lizensierten Schule			x		x
Einstellen des Materials im Intranet oder Schulserver der Institution			x		x

Die erweiterten Lizenzmodelle zu diesem Titel sind jederzeit im Online-Shop unter www.kohlverlag.de erhältlich.

Inhalt

FAQs (Frequently Asked Questions)

Erforsche Planeten und Sterne
Sachunterricht Grundschule - Bestell-Nr. 11 722
KOHL VERLAG

Inhalt

Erforsche Planeten und Sterne
Sachunterricht Grundschule – Bestell-Nr. 11 722
KOHL VERLAG

Vorwort

Sehr geehrte Kolleginnen und Kollegen,

schon immer haben die Menschen Himmel, Planeten und Sterne mit Begeisterung beobachtet ... Sonne, Erde, Mond, Merkur, Venus, Mars, Jupiter, Saturn, Uranus, Neptun, Zwergplaneten, Steckbriefe von Sternen, Sternbilder, Sternschnuppen – viele gelöste Rätsel des Weltalls werden in diesem Band altersgerecht und motivierend dargestellt. Es bleibt allerdings immer noch viel zu erforschen ...

Das Konzept

Bei dem vorliegenden Band handelt es sich um Kopiervorlagen ab dem 1. Schuljahr. Die ersten dreißig Seiten umfassen das Basiswissen, das sich jeder Schüler über den Weltraum, Planeten, Sonne, Mond und Sterne erarbeitet haben sollte.

Da es sich um den Unterrichtsstoff für die Grundschule handelt, müssen manche, besonders chemische Vorgänge und Zusammenhänge, vereinfacht dargestellt werden, ohne dabei zu Lasten der wissenschaftlichen Erkenntnisse zu gehen.

Dieser Teil schließt mit einem Mini-Test ab, bei dem die Schüler die Antworten auch in den vorherigen Arbeitsblättern suchen dürfen und sich so noch einmal mit dem Basiswissen beschäftigen müssen.

Ab Seite 32 erfolgen die **FAQs (Frequently Asked Questions)**, ein Begriff, den die Schüler von zahlreichen Websites kennen.

Dabei handelt es sich um einfache Fragestellungen, wie jedes Kind sie stellen würde: Warum ist der Himmel schwarz? Leuchten Sterne ewig? Gibt es Marsmenschen oder Aliens?

Auch in der Beantwortung der Fragen erfolgen, mit Rücksicht auf das Alter der Schüler, vereinfachte Darstellungen, die die Kinder nachvollziehen können.

Die FAQs eignen sich auch besonders für den Einsatz als Einzelarbeitsblätter, da sie im Prinzip unabhängig vom Basiswissen bearbeitet werden können.

Viel Freude und Erfolg beim spannendes Erforschen wünschen Ihnen das Team des Kohl-Verlags und

Birgit Brandenburg

1 Sonne, Mond oder Stern?

Wie heißt du?
Wo kommst du her?

Ich heiße Memek.
Ich komme von dem Stern Mars.

Memek, du bist blöd!
Dein Mars ist kein Stern.

Wie bitte?
Was ist er dann?

Der **Mars**
ist ein **Planet**.

Hä??? Ein **Planet**???
Was ist denn das?

Wir haben die **Sonne**, den **Mond** und 8 **Planeten** in unserem **Sonnensystem**.

Na, dann erkläre mir mal die **Unterschiede** von denen allen.

KOHL VERLAG Erforsche Planeten und Sterne
Sachunterricht Grundschule – Bestell-Nr. 11 722

1 Sonne, Mond oder Stern?

Unsere **Erde** kreist um die **Sonne**. Unsere **Erde** ist ein **Planet**.
Es gibt **noch 7 Planeten**. **Alle** kreisen um die **Sonne**.

Aufgabe 1 a): *Alle 8 Planeten kreisen um die Sonne. Ihre Bahnen nennt man Umlaufbahn.*

a) *Wo ist die Sonne?*

b) *Wo ist unsere Erde?*

Haben die **8 Planeten** auch **Namen**?

Die **8 Planeten** heißen:
Uranus – Venus – Neptun
Mars – Erde – Saturn
Jupiter – Merkur

Manche **Planeten** fliegen im **Kreis** ◯ um die Sonne.

Andere **Planeten** ziehen in einer **Ellipse** ⬭ um die Sonne.

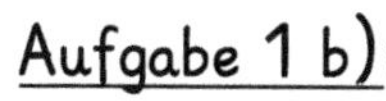

Aufgabe 1 b):

Lerne die Namen auswendig.

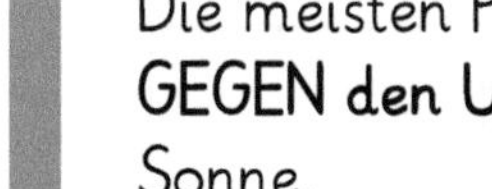

Die meisten Planeten drehen sich **GEGEN den Uhrzeigersinn** um die Sonne.

Aufgabe 1 c):

Zeige an der Uhr, in welche Richtung sich die Planeten drehen.

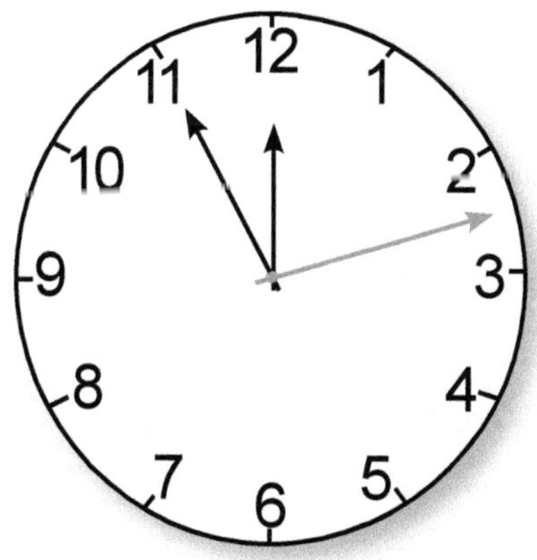

KOHL VERLAG Erforsche Planeten und Sterne Sachunterricht Grundschule – Bestell-Nr. 11 722

1 Sonne, Mond oder Stern?

Ist die **Sonne** auch ein **Planet**?

Was ist der **Mond**?

Die **Sonne** ist ein **Stern**.
Sie erzeugt ihr **eigenes Licht**.

Ein **Planet** hat **kein** eigenes Licht.
Er wird von der Sonne angestrahlt.

Der **Mond** ist **kein Stern** und **kein Planet**.
Er dreht sich nur um die **Erde**, also **nicht um die Sonne**.

Man sagte: **Ein Planet muss sich um die Sonne drehen. Dann ist er ein Planet.**

Das macht der Mond nicht.

Darum zählt der Mond **nicht** zu den Planeten.

Aufgabe 2: *Verbinde das Wort mit dem richtigen Bild!*

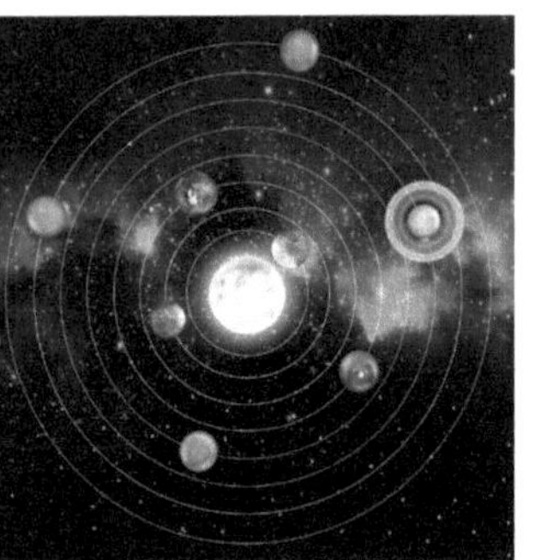

Stern	Planet	Umlaufbahn	Mond

Aufgabe 3: *Welcher der 8 Planeten fehlt?*

Venus · Uranus · Saturn · Mars

Jupiter · Neptun · Merkur

KOHL VERLAG
Erforsche Planeten und Sterne
Sachunterricht Grundschule – Bestell-Nr. 11 722

2 Kurzsteckbriefe der Planeten

In unserem Sonnensystem gibt es 8 Planeten. Jeder Planet sieht anders aus. Hier findest du einen kurzen Steckbrief und ein Bild zu jedem Planeten.

Der „rote" Planet

Der **Mars** wird auch der „rote Planet" genannt, weil er von einem rötlichen Staub bedeckt ist.

Er ist ein Gesteinsplanet.

Der Saturn

Er gehört zu den Riesenplaneten und ist der schönste. Seine Ringe bestehen aus Eis, Felsbrocken und Staub.

Jupiter, der Riese

Jupiter ist der größte der Planeten. Er bekam seinen Namen von den Römern. Sie benannten ihn nach ihrem höchsten Gott.

Der Jupiter ist mit dünnen Ringen geschmückt. Sie bestehen aus Eis- und Gesteinsteilchen.

Der „blaue" Planet

Vom Weltraum aus gesehen sieht unsere Erde blau aus. Deshalb wird sie auch der „blaue Planet" genannt. Auf ihm ist Leben möglich.

KOHL VERLAG
Erforsche Planeten und Sterne
Sachunterricht Grundschule - Bestell-Nr. 11 722

2 Kurzsteckbriefe der Planeten

Die Venus

Sie ist der strahlendste der Planeten, deshalb wird sie auch Abendstern genannt.

Ihren Namen hat sie von der römischen Göttin der Liebe und Schönheit.

Der Uranus, der „Eisriese"

Seinen Namen hat der Planet vom griechischen Gott Uranus. Er dreht sich nur wenig um sich selbst. So wird eine Seite 42 Jahre von der Sonne angestrahlt. Dort ist es Tag. Auf seiner anderen Seite ist Nacht.

Der Merkur

Merkur ist der kleinste der Planeten. Er zieht seine Bahnen ganz dicht um die Sonne.

Seinen Namen hat der Merkur vom römischen Götterboten.

So schnell ist auch der Merkur. Er umkreist die Sonne in rasantem Tempo.

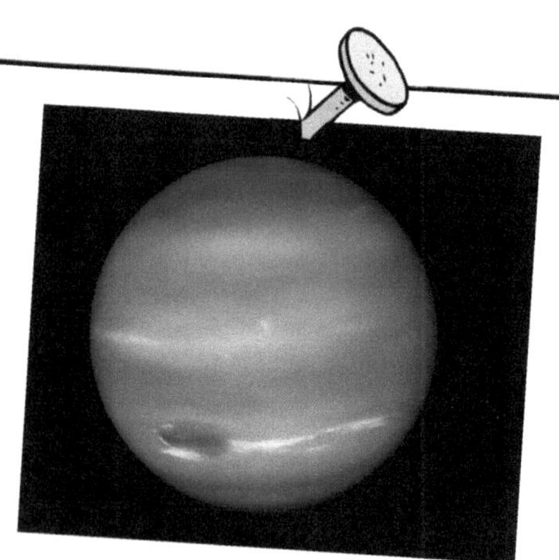

Der Neptun

Der Neptun ist der kälteste der Planeten. Er wurde nach dem römischen Gott des Meeres und der fließenden Gewässer benannt.

Erforsche Planeten und Sterne
Sachunterricht Grundschule – Bestell-Nr. 11 722
KOHL VERLAG

3 Planetenmemo-Spiel

Aufgabe: *Spiele mit einem Partner! Schneidet die Karten aus und spielt das Memo-Spiel! Jeder muss 3 gleiche Karten suchen.*

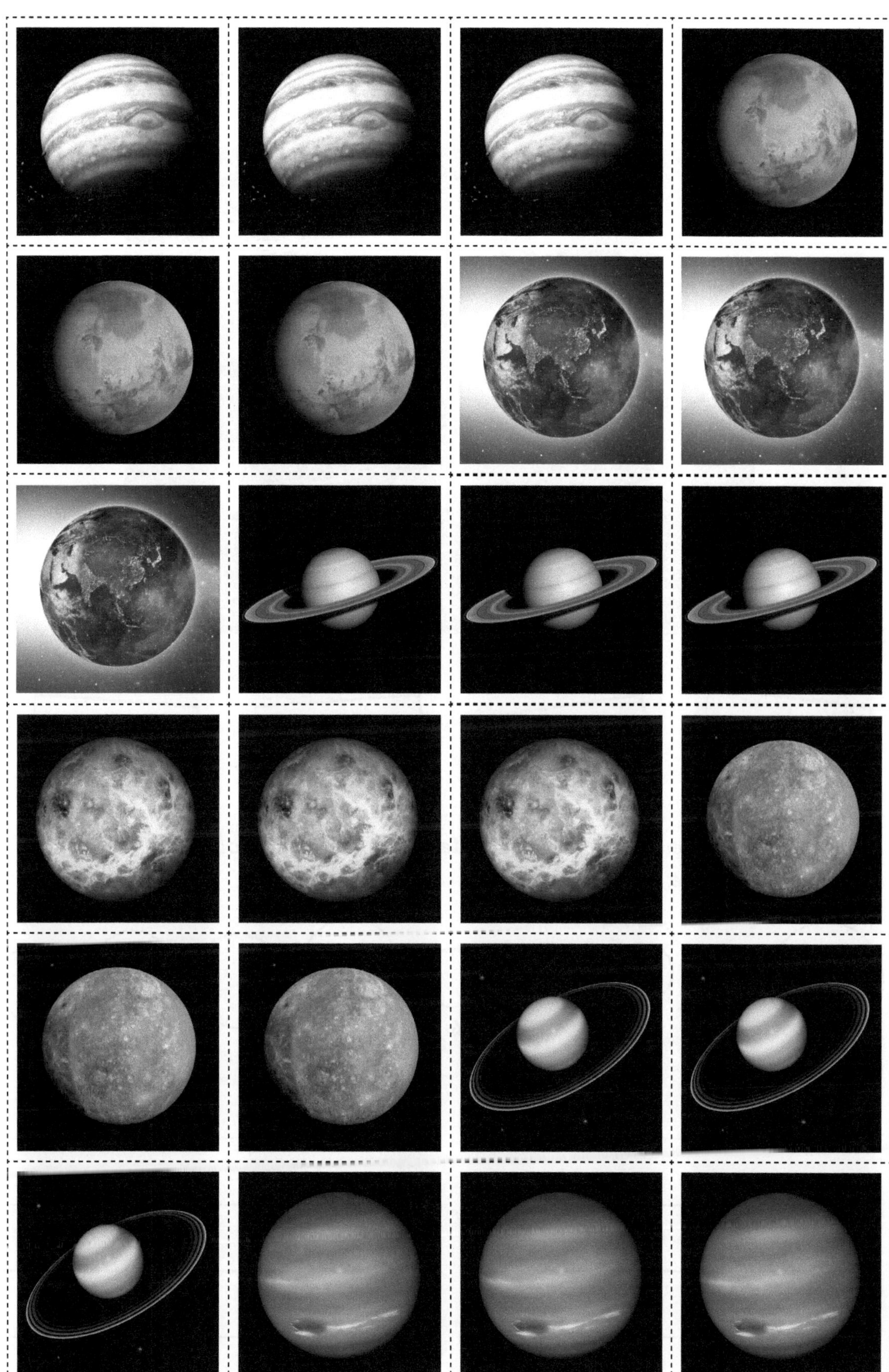

Erforsche Planeten und Sterne
Sachunterricht Grundschule – Bestell-Nr. 11 722
KOHL VERLAG

4 Wer kreist wo um die Sonne?

Aufgabe 1: *Ziehe Verbindungslinien vom Namen zu dem Planeten auf dem Bild. Tipp: Die Seiten 9 und 10 können dir helfen.*

Aufgabe 2: *Schreibe die Planeten in der richtigen Reihenfolge auf! Fange bei der Sonne an!*

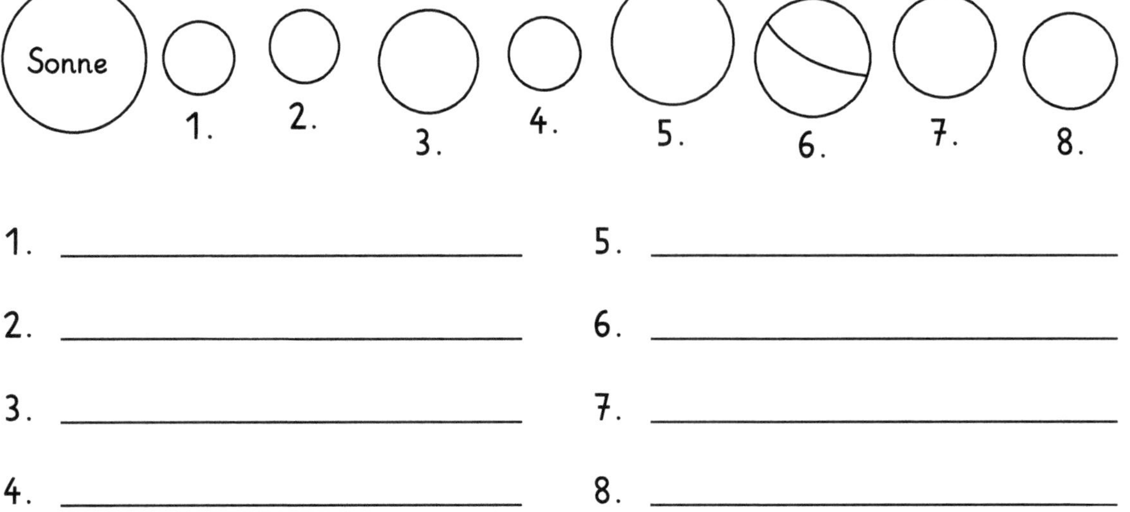

KOHL VERLAG Erforsche Planeten und Sterne
Sachunterricht Grundschule – Bestell-Nr. 11 722

5 Besuch auf einem Planeten

Die Menschen waren schon auf dem Mond. Aber auf einem anderen Planeten war noch keiner. Doch die Menschen haben schon Raumsonden zu verschiedenen Planeten geschickt. Die Raumsonden machen Fotos von der Oberfläche und funken sie zur Erde.

Aufgabe 1: *Welchen Planeten möchtest du gerne besuchen? Schreibe auch die Gründe.*

Ich möchte den / die ______________________ besuchen, weil

____

____

____

____

____

____

Aufgabe 2: *Kreise die 8 Planeten ein!*

W	T	U	M	Z	Ü	M	N	E	K	L	L	K	S	A	V	N	M	E
G	K	T	A	N	C	H	L	X	Y	H	J	U	P	I	T	E	R	R
S	V	E	R	D	E	B	E	R	T	E	Q	X	A	C	M	L	P	O
F	U	Z	S	T											H	G	O	V
J	D	S	A	R											R	T	Z	E
C	H	K	L	L											K	L	C	N
N	H	P	I	O											S	A	E	U
U	Z	D	T	F											V	X	Y	S
T	U	F	G	U											T	S	D	A
P	D	E	M	R											K	A	L	P
E	U	T	E	A											A	T	F	G
N	G	G	J	N											U	U	I	O
F	M	N	O	U											W	R	X	V
G	R	T	Z	S											K	N	E	R
Z	P	O	L	H	N	K	T	Z	R	E	F	W	S	A	V	C	H	E
N	L	K	A	S	D	F	G	H	J	K	L	E	R	T	Z	U	I	O
G	H	Z	U	M	E	R	K	U	R	R	N	D	E	T	Y	X	N	O

KOHL VERLAG
Erforsche Planeten und Sterne
Sachunterricht Grundschule – Bestell-Nr. 11 722

6 Planeten in Größe und Entfernung

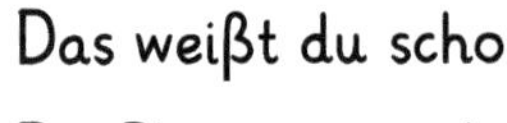

Das weißt du schon:

Die Planeten sind verschieden groß. Sie sind unterschiedlich weit von der Sonne entfernt.

Der Merkur

Größe: kleinster Planet
Entfernung von der Sonne: 60 Mio. km
Durchmesser: 4.878 km
Umlaufzeit um die Sonne: 88 Erdentage

Die Venus

Größe: fast wie die Erde
Entfernung von der Sonne: 108 Mio. km
Durchmesser: 12.103 km
Umlaufzeit um die Sonne: 243 Erdentage

Die Erde

Größe: durchschnittlich
Entfernung von der Sonne: 150 Mio. km
Durchmesser: 12.765 km
Umlaufzeit um die Sonne: 365 Erdentage

Der Mars

Größe: halbe Erde
Entfernung von der Sonne: 45-400 Mio. km
Durchmesser: 6.794 km
Umlaufzeit um die Sonne: 687 Erdentage

Der Jupiter

Größe: 11 Mal Erde
Entfernung von der Sonne: 700-800 Mio. km
Durchmesser: 142.984 km
Umlaufzeit um die Sonne: 4.329 Erdentage

Der Saturn

Größe: 10 Mal Erde
Entfernung von der Sonne: 1.340-1.500 Mio. km
Durchmesser: 120.536 km
Umlaufzeit um die Sonne: 243 Erdentage

Der Uranus

Größe: 4 Mal Erde
Entfernung von der Sonne: 2.700-3.000 Mio. km
Durchmesser: 51.118 km
Umlaufzeit um die Sonne: 30.664 Erdentage

Der Neptun

Größe: 4 Mal Erde
Entfernung von der Sonne: 4.300-4.600 Mio. km
Durchmesser: 49.532 km
Umlaufzeit um die Sonne: 60.148 Erdentage

KOHL VERLAG Erforsche Planeten und Sterne Sachunterricht Grundschule – Bestell-Nr. 11 722

6 Planeten in Größe und Entfernung

Aufgabe 1: *Sortiere die Planeten nach der Größe. Tipp: Durchmesser. Schreibe in die Tabelle. Beginne mit dem kleinsten.*

	Name des Planeten	Größe
1.		
2.		
3.		
4.		
5.		
6.		
7.		
8.		

Aufgabe 2: *In der Tabelle siehst du, um wie viel kleiner oder größer jeder Planet und die Sonne als die Erde ist. Rechne mit einem Partner aus, wie groß die Planeten wären, wenn die Erde so groß wie eine Tomate wäre.*

Himmels-körper / Planet	größer / kleiner als die Erde?	Um wie viel größer / kleiner als die Erde?	Größe zur Tomate Erde	Gegenstand als Vergleich
Erde	–	1	5 cm	Tomate
Sonne	größer	109-mal	545 cm = 5 m 45 cm	Kleinbus
Merkur	kleiner	geteilt durch 10 dann mal 4		
Venus	gleich	1		
Mars	kleiner	halbe Erde		
Jupiter	größer	11-mal		
Saturn	größer	10-mal		
Uranus	größer	4-mal		
Neptun	größer	4-mal		

KOHL VERLAG Erforsche Planeten und Sterne Sachunterricht Grundschule - Bestell-Nr. 11 722

7 Planeten und ihre Zeichen

Um Planeten auf Sternkarten einzuzeichnen, wurde jedem Planet ein Zeichen zugeordnet. Diese Zeichen werden als **Planetensymbole** bezeichnet.

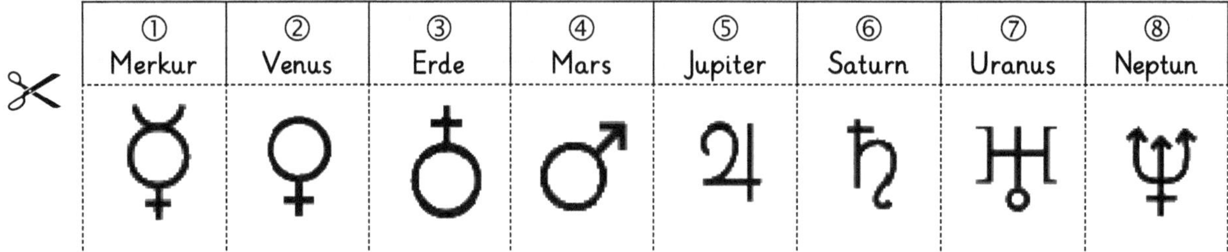

① Merkur	② Venus	③ Erde	④ Mars	⑤ Jupiter	⑥ Saturn	⑦ Uranus	⑧ Neptun
☿	♀	♁	♂	♃	♄	♅	♆

Für Uranus wird auch oft dieses Symbol verwendet: 

Aufgabe 1: *Schneide die passenden Zeichen aus und klebe sie an die Planetenbilder.*

Aufgabe 2: *Ordne den Planeten ihre eigenen Merkmale passend zu. Schreibe nur die Buchstaben in die Sprechblasen.*

①

②

A roter Staub

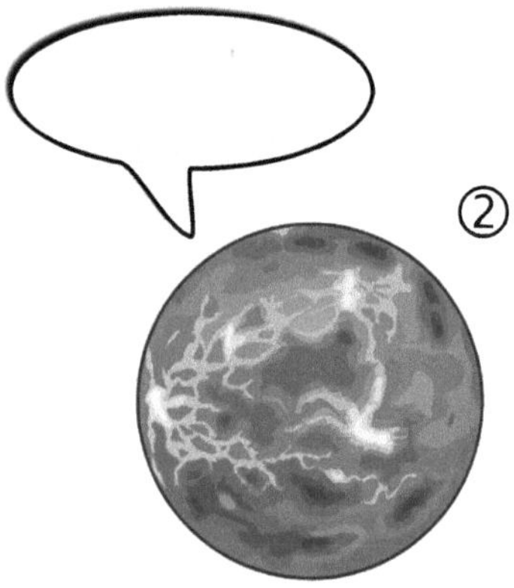

B Gesteinsplanet

E blauer Planet

③

④

⑥

F strahlendster Planet

KOHL VERLAG Erforsche Planeten und Sterne Sachunterricht Grundschule – Bestell-Nr. 11 722

7 Planeten und ihre Zeichen

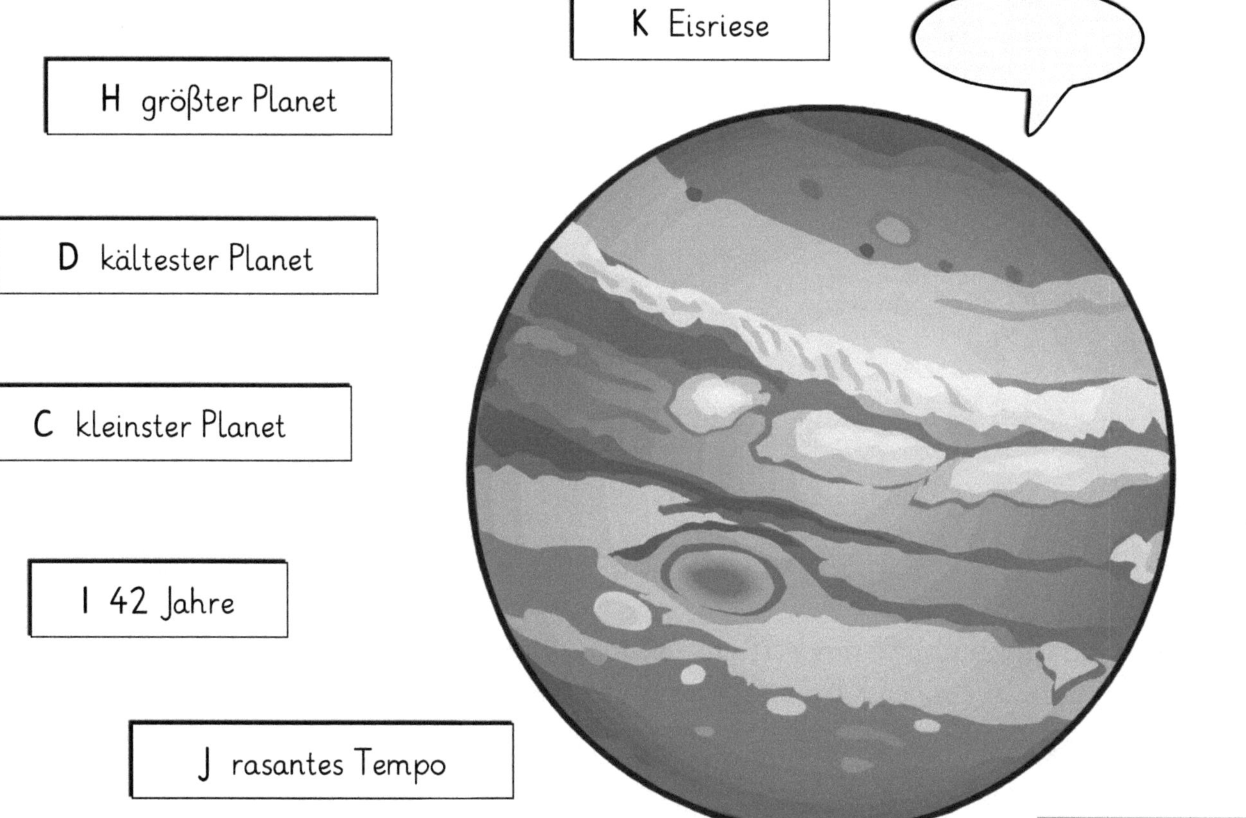

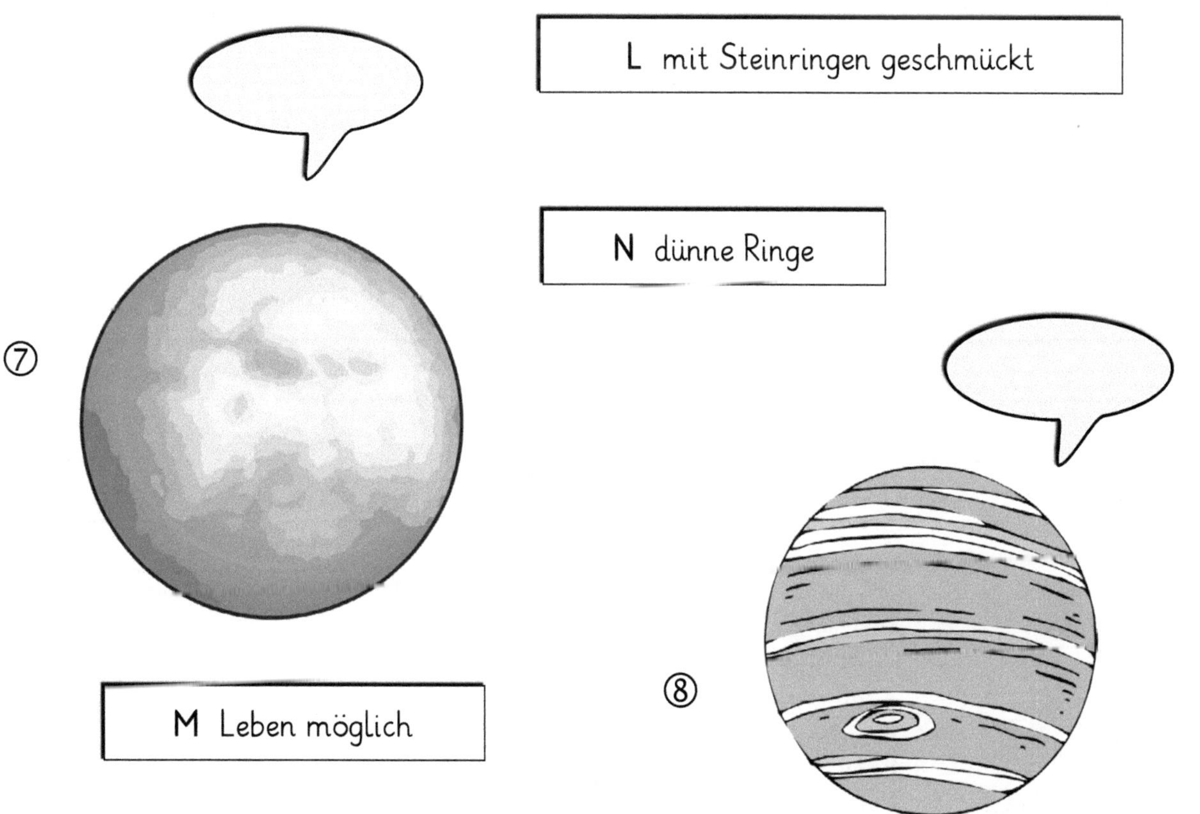

KOHL VERLAG Erforsche Planeten und Sterne
Sachunterricht Grundschule - Bestell-Nr. 11 722

8 Das Innere von Mars, Erde und Co.

Wie sieht ein Planet von innen aus?

Denke dir einen halben Pfirsich und einen halben Planeten!

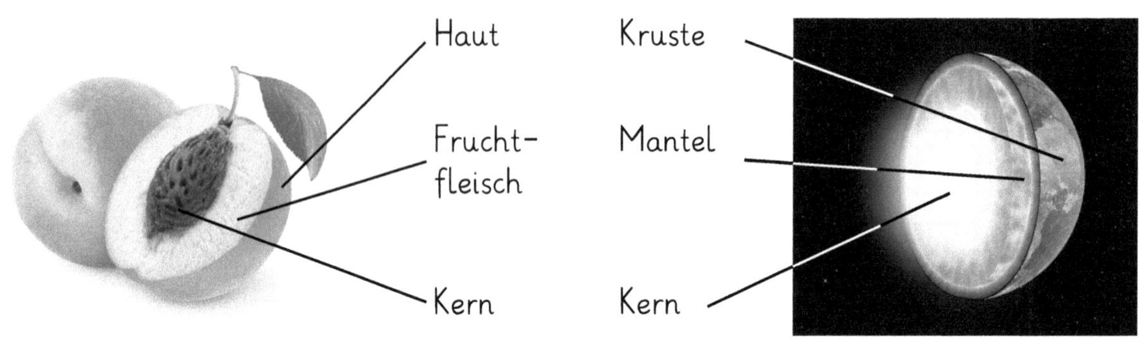

Die Planeten sind sich im Aufbau ähnlich. Aber jeder hat seine eigenen Merkmale. So können Kern und Mantel fest oder flüssig sein.

Die Kruste kann aus Gestein wie bei Erde, Merkur, Venus und Mars bestehen. Man nennt sie Gesteinsplaneten. Fotos von diesen Planeten zeigen häufig Krater und Berge.

Die 4 Gasplaneten sind alles Riesen. Ihre Oberfläche besteht überwiegend aus den Gasen Wasserstoff und Helium. Ihre Temperaturen sind ungemütliche −200 °C und mehr.

Aufgabe: *Vervollständige die Tabelle und teile die Planeten unseres Sonnensystems in Gesteins- und Gasplaneten ein.*

Gesteinsplaneten	Gasplaneten

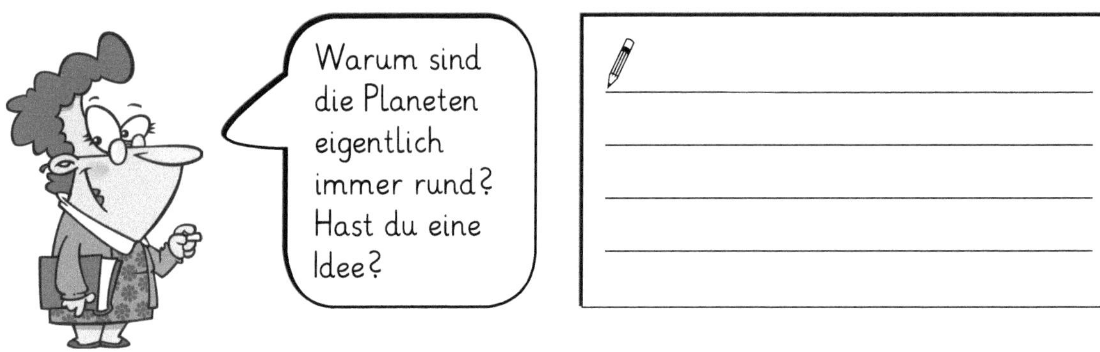

KOHL VERLAG
Erforsche Planeten und Sterne
Sachunterricht Grundschule – Bestell-Nr. 11 722

9 Luftkugeln oder Planeten?

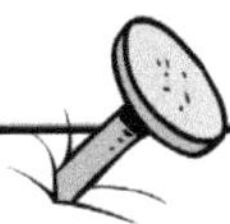

Merke dir:

Das Wort Atmosphäre (sprich: atmosfähre) besteht aus dem Wort Atmo (= Luft) und dem Wort sphäre (= Kugelschale).

Atmosphäre = Luftkugelschale

Die Atmosphäre liegt um den Planeten herum. Sie bildet eine Luftkugel, in deren Mitte sich der Planet als Kern befindet.

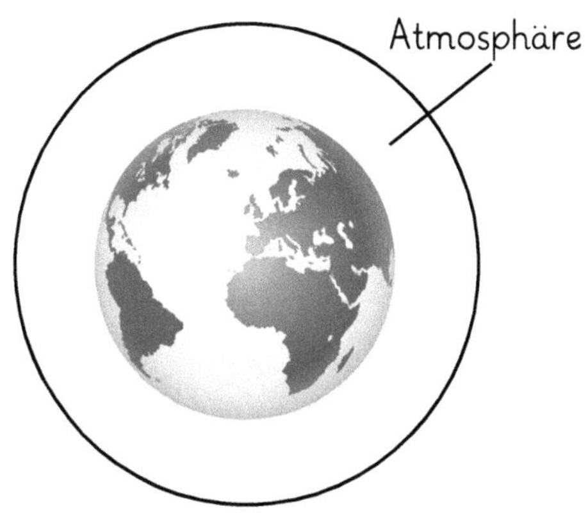

In der Atmosphäre segeln Wolken umher. Sie schützt uns auf der Erde vor zu viel Sonne und gibt uns die Luft zum Atmen. Nur die Erde hat das Luftgemisch, das wir zum Leben brauchen.

Aufgabe 1: *Vervollständige den Lückentext schriftlich. Lies ihn danach noch einmal durch.*

Die Atmosphäre kann auf anderen ____________ unterschiedlich dick sein. Sie kann auch aus ____________ bestehen, die zu giftig zum Einatmen sind. Wenn es sehr ________ ist, kann das Gas ____________ oder gefroren sein. Die Atmosphäre kann unterschiedlich ____________ sein. Wolken können sich nur in der ________________ bilden. Damit sie ____________ können, müssen sie leichter als das ____________ der Atmosphäre sein.

fliegen – Planeten – Gasen – Gemisch – kalt – Atmosphäre – flüssig – schwer

Aufgabe 2: *Der sogenannte Treibhauseffekt bewirkt, dass unsere Erde immer wärmer wird. Mache den Miniversuch zum Treibhauseffekt.*

So geht es:

- Lege ein Eisstück auf einen Teller!
- Lege ein zweites Stück in ein Trinkglas!
- Stelle das Trinkglas auf einen zweiten Teller!
- Verschließe das Glas luftdicht mit einer Plastikfolie und einem Gummi!

Welches Eisstück ist zuerst geschmolzen und warum?

____

____

____

____

____

____

____

____

____

____

KOHL VERLAG Erforsche Planeten und Sterne Sachunterricht Grundschule – Bestell-Nr. 11 722

10 Temperaturen und Farben

Es ist unmöglich, dass Menschen, Tiere und Pflanzen auf den anderen Planeten wie bei uns auf der Erde leben.

Die Atmosphären haben eine andere Zusammensetzung als auf der Erde. Besonders die Temperaturen lassen kein Leben wie bei uns zu.

Aufgabe 1: *Verbinde die Bilder der Planeten und der Sonne mit passenden Temperaturen.*

Saturn –139 °C

Jupiter –108 °C

Venus +437 °C bis +497 °C

Uranus –197 °C

Erde –89 °C bis +58 °C

Sonne 6000 °C

Merkur –173 °C bis +427 °C

Mars +28 °C bis –133 °C

Neptun –201 °C

Aufgabe 2: *Male die Planetenkarten auf der nächsten Seite in den passenden Farben aus.*

INFO – INFO – INFO – INFO

Es hängt davon ab...

... aus welchen Stoffen und Gasen der Planet und seine Atmosphäre bestehen

... wie das Licht der Sonne darauf fällt.

- Schwefel = braun-gelbe Farbe
- Eisen = rotbraune Farbe
- Erdgas = blaue Farbe
- Wasser = blaue Farbe

KOHL VERLAG Erforsche Planeten und Sterne Sachunterricht Grundschule – Bestell-Nr. 11 722

10 Temperaturen und Farben

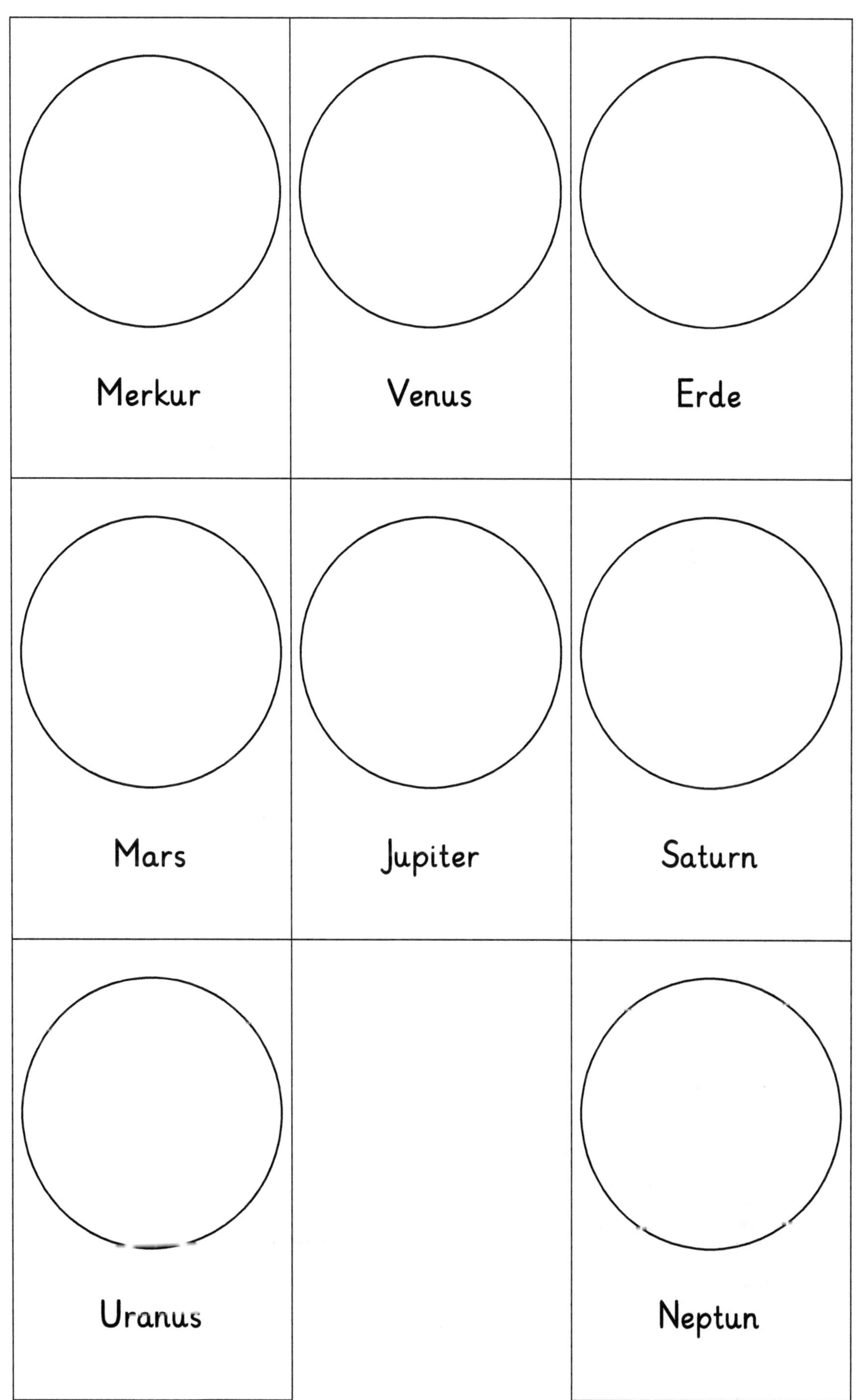

Erforsche Planeten und Sterne
Sachunterricht Grundschule – Bestell-Nr. 11 722
KOHL VERLAG

11 Brummkreiseln

Die Planeten drehen sich nicht nur um die Sonne, sondern auch um sich selbst. Dabei liegen die Achsen etwas schräg. Die Achse ist aber nur eine gedachte Linie senkrecht mitten durch den Planeten.

Weil sich die Planeten schon Millionen Jahre um sich selbst drehen, sind sie zu Kugeln geworden.

Aufgabe 1: *Ziehe Verbindungslinien von den Wörtern an die passenden Teile des Planeten.*

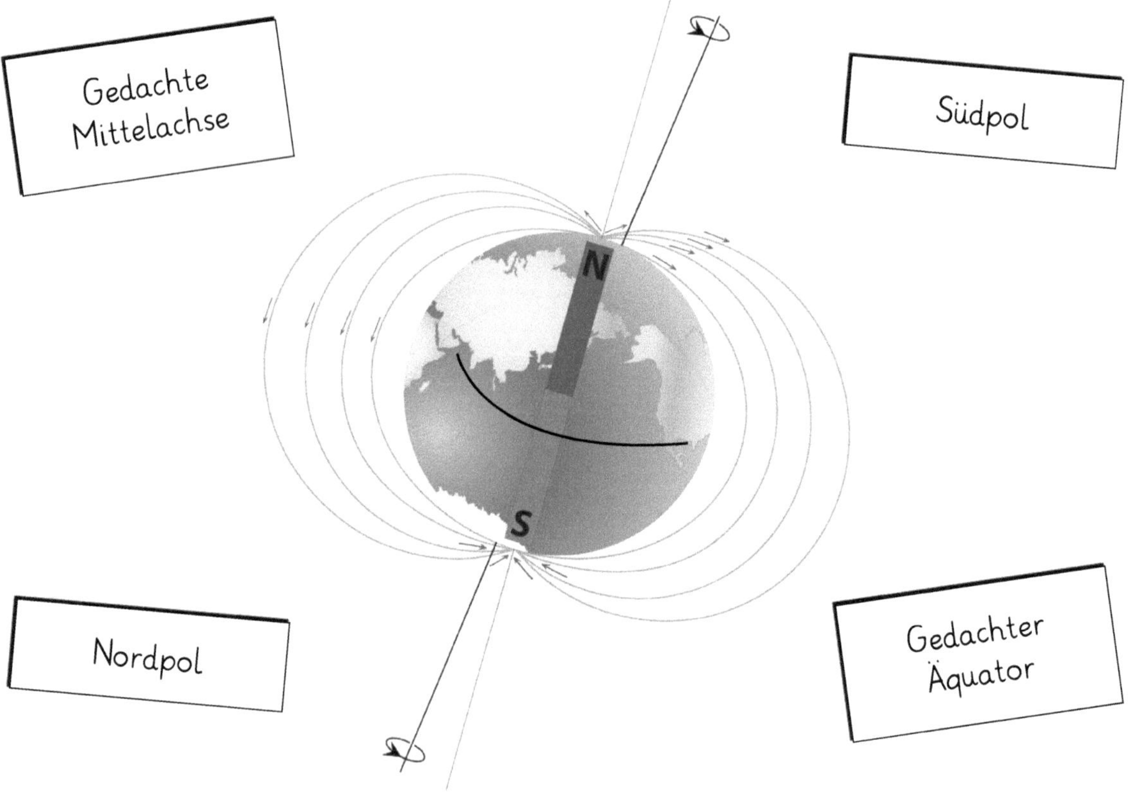

Aufgabe 2: *Die Erde dreht sich in Pfeilrichtung. Dreht sie sich MIT oder GEGEN den Uhrzeigersinn?*

☐ MIT ☐ GEGEN

Erforsche Planeten und Sterne Sachunterricht Grundschule – Bestell-Nr. 11 722

KOHL VERLAG

12 Schwere Kraft

Warum fliegen die Planeten nicht einfach davon?	Warum landet ein Ball wieder auf dem Boden, wenn man ihn in die Luft wirft?	Warum fallen wir nicht einfach von der Erde?

Die **Schwerkraft** wirkt wie ein Magnet. Dabei ziehen sich zwei Dinge an. Wie stark sie sich anziehen, hängt von der **Entfernung** und dem **Gewicht** ab. Kaum zu glauben: Auch ein Ball besitzt Schwerkraft. Ein Ball hat weniger Schwerkraft als die Erde. Die Erde zieht den Ball an.

Alle Planeten haben eine Schwerkraft. Sie werden von der Schwerkraft der Sonne angezogen.

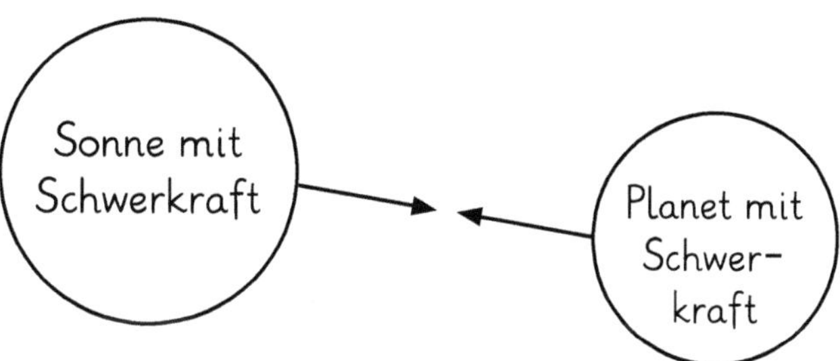

Es herrscht ein **Kräftegleichgewicht**. Jeder will den anderen an sich ziehen. Durch das **Kräftegleichgewicht** bleiben die Planeten im gleichen Abstand zur Sonne.

__Aufgabe:__ *Stell dir vor: Kein Planet hat eine Schwerkraft nur die Sonne. Was würde passieren?*

Du kannst deine Idee aufschreiben.	**Du kannst ein Bild zu deiner Idee malen.**

KOHL VERLAG Erforsche Planeten und Sterne Sachunterricht Grundschule – Bestell-Nr. 11 722

13 Der Mond hat Phasen

Der Mond ist kein Planet und kein Stern.

Aber er hat nicht wenig Einfluss auf unsere Erde.

Steckbrief

Umlaufbahn:	um die Erde
Durchmesser:	3.446 km
Atmosphäre:	keine
Bestandteile:	Gestein, Metalle
Umlaufzeit um die Erde:	etwa 27 Tage
Temperatur:	+127 ° bis -173 °C
Entfernung von der Erde:	384.400 km

Wieso können wir den Mond bei Nacht sehen?

Weil er von der Sonne angestrahlt wird.

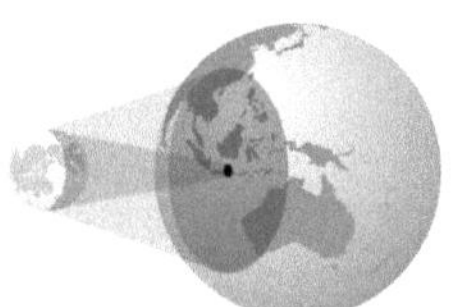

Da der Mond von der Erde aus gut zu sehen ist, haben sich die Menschen immer wieder mit ihm in Geschichten und Gedichten beschäftigt.

<u>Aufgabe 1</u>: *Lies das Gedicht „Verkehrte Welt" von Christian Morgenstern (1871-1914).*

Dunkel war's der Mond schien helle,
Schnee bedeckt die grüne Flur
als ein Auto <u>blitzschnelle</u>,
<u>langsam</u> um die Ecke fuhr.

Drinnen saßen stehend Leute,
schweigend ins Gespräch vertieft,
als ein totgeschossner Hase,
auf der Sandbank Schlittschuh lief.

Und der Wagen fuhr im Trabe,
rückwärts einen Berg hinauf.
Droben zog ein alter Rabe
grade eine Turmuhr auf.

Ringsumher herrscht tiefes Schweigen
und mit fürchterlichem Krach,
spielen in des Grases Zweigen
zwei Kamele lautlos Schach.

Und auf einer <u>roten</u> Parkbank,
die <u>blau</u> angestrichen war,
saß ein blondgelockter Jüngling
mit kohlrabenschwarzem Haar.

Neben ihm ne alte Schrulle,
zählte kaum erst 16 Jahr,
In der Hand ne' Butterstulle,
die mit Schmalz bestrichen war.

KOHL VERLAG Erforsche Planeten und Sterne Sachunterricht Grundschule – Bestell-Nr. 11 722

13 Der Mond hat Phasen

Droben auf dem Apfelbaume,
der sehr süße Birnen trug,
hing des Frühlings letzte Pflaume
und an Nüssen noch genug.

Von der regennassen Straße
wirbelte der Staub empor
und der Junge bei der Hitze
mächtig an den Ohren fror.

Beide Hände in den Taschen
hielt er sich die Augen zu.
Denn er konnte nicht ertragen,
wie nach Veilchen roch die Kuh.

Holder Engel, süßer Bengel,
furchtbar liebes Trampeltier.
Du hast Augen wie Sardellen,
alle Ochsen gleichen Dir.

Und zwei Fische liefen munter,
durch das blaue Kornfeld hin.
Endlich ging die Sonne unter
und der graue Tag erschien.

Und das alles dichtet Goethe*
Als er in der Morgenröte
Liegend auf dem Nachttopf** saß
Und dabei die Zeitung las.

* Deutscher Dichter (1749 – 1832) **es gab noch keine Toiletten

Aufgabe 2: *Unterstreiche so viele Gegensätze in den Strophen wie möglich.*

So kennst du den Mond am Himmel. Mal ist er nur eine **Sichel nach rechts**, dann ein **Halbmond nach rechts**, dann ein **Vollmond**, dann ein **Halbmond nach links**, dann eine **Sichel nach links**. Dann ist **kein Mond** zu sehen.

Die Veränderung wiederholt sich immer wieder. Das nennt man **Mondphasen**.

Aufgabe 3: *Schreibe deine Idee auf, wie die Mondphasen entstehen.*

KOHL VERLAG Erforsche Planeten und Sterne Sachunterricht Grundschule – Bestell-Nr. 11 722

13 Der Mond hat Phasen

Aufgabe 4: *So entstehen die Mondphasen. Vergleiche die Texte mit dem Bild.*

① Der Mond umkreist einmal im Monat die Erde. Die Erde umkreist die Sonne.

② Der Mond steht immer in einem anderen Winkel zur Erde und Sonne.

③ Der Mond wird deshalb von der Sonne immer anders beschienen.

④ Bei Vollmond scheint die Sonne direkt auf den Mond. Wir sehen ihn rund.

⑤ Der Mond wandert weiter um die Erde. Er wird nur noch von der Seite beschienen. Wir sehen nur noch eine schmale oder breitere Sichel.

⑥ Wenn kein Sonnenlicht auf die uns zugewandte Seite fällt, ist er für uns nicht zu sehen. Das ist Neumond.

⑦ Der Mond nimmt nicht ab und zu. Er verändert sich nur durch die verschiedenen Sonneneinstrahlungen.

Aufgabe 5: *Suche Wörter zum Mond, die in diesem Kapitel erwähnt werden. (ä = ae)*

									M										
									O										
									N										
									D										
									P										
									H										
									A										
S	O	N	N	E	N	E	I	N	S	T	R	A	H	L	U	N	G	E	N
									E										
									N										

KOHL VERLAG Erforsche Planeten und Sterne Sachunterricht Grundschule – Bestell-Nr. 11 722

14 Der Mond – Herr der Gezeiten

Aufgabe 1: *Sieh dir die Bilder an. Hast du das schon einmal erlebt? Vielleicht im Urlaub? Schreibe etwas dazu.*

Ebbe und **Flut** nennt man **Gezeiten** oder **Tide**.

12 Stunden sinkt der Wasserspiegel. Es ist Ebbe.

12 Stunden steigt der Wasserspiegel. Es ist Flut.

Der Mond bringt unser Wasser auf der Erde so durcheinander.

Aufgabe 2: *Finde an Hand des Bildes und der Infos heraus, wie die Gezeiten funktionieren. Schreibe einen Text dazu.*

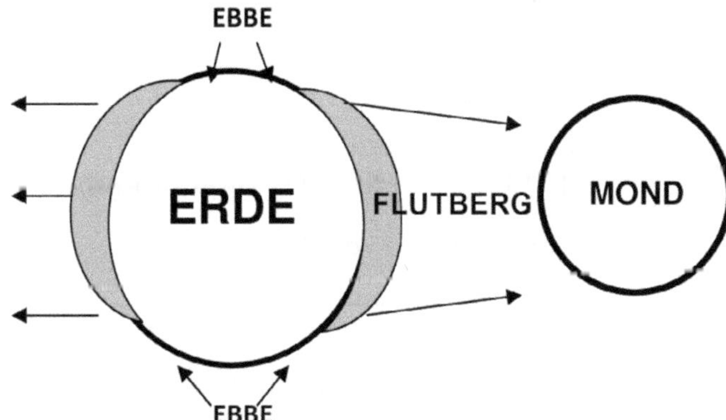

- Die Erde und der Mond ziehen sich an.
- Ein **Flutberg** entsteht durch die **Anziehungskraft** des Mondes.
- Die Erde dreht sich wie ein Karussell.
- Die **Fliehkraft*** erzeugt einen **Flutberg** auf der anderen Seite.

** Fliehkraft: Du wirst im Karussell nach außen gedrückt*

KOHL VERLAG Erforsche Planeten und Sterne Sachunterricht Grundschule – Bestell-Nr. 11 722

15 Die Sonne – ein Gigant

Steckbrief

Durchmesser:	1.390.000 km
Bestandteile:	Gase, wenig Metalle
Temperatur:	5.527 °C
Entfernung von der Erde:	150 Mio. km

Die Erde ist so weit von der Sonne entfernt, dass genau so viel Wärme ankommt, wie Menschen, Tiere und Pflanzen zum Leben brauchen. Sie ist unser Wärmespender.

<u>**Aufgabe 1**</u>: *Was würde auf der Erde passieren, wenn die Sonne erlöschen würde? Kreuze an.*

- ☐ Kein Leben wäre mehr möglich.
- ☐ Es würde nichts ausmachen.
- ☐ Alles Wasser würde zu Eis.
- ☐ Tiere und Pflanzen würden sterben.
- ☐ Menschen basteln sich eine Sonne.
- ☐ Es würde –280 °C kalt werden.
- ☐ Die Menschen würden weiter leben.
- ☐ Die Luft würde gefrieren.

Die Sonne spendet unserer Erde Wärme. Das ist angenehm für uns. Doch im Sommer meint sie es manchmal zu gut. Wir bekommen einen Sonnenbrand.

<u>**Aufgabe 2**</u>: *Setze die passenden Reimwörter in das Gedicht ein.*

Sonnenbrandgefahr

Sonnenbrand auf nackter Haut
Omas Tipp mit ________________
Auf die roten Stellen legen
Soll es spenden seinen ____________.
Nachbars Tipp ist ganz verwegen
Essig auf nen Lappen geben
Soll die roten Flächen pflegen.
Jucken, kratzen, reiben, ____________
Bald die Haut hat neue Stellen.

Bester Tipp von Doktor Leiden
Starke Sonnenhitze ____________.
Sonnenöl soll Schutz mir geben
Sollst auch fleißig davon
____________.
Fühl mich wie ne Ölsardine
T-Shirt fettig – Waschmaschine
Sonne prima, doch zu
____________.
Treibt heraus den nassen Schweiß
Sonnenbrand auch immer droht –
________________________!

KOHL VERLAG
Erforsche Planeten und Sterne
Sachunterricht Grundschule – Bestell-Nr. 11 722

15 Die Sonne – ein Gigant

Warum ist die Sonne eigentlich so heiß?

Ich erkläre es dir langsam, damit du es verstehst.

- ➔ Auf der Sonne tobt ein Feuersturm. Es finden gewaltige **Explosionen** statt.
- ➔ Das Gas **Wasserstoff** verwandelt sich durch Hitze und Druck in das Gas **Helium**.
- ➔ Das wirkt wie eine Bombe. Es kommt zur **Explosion** im Innern der Sonne.
- ➔ Dabei werden riesige Massen nach außen geschleudert. Sie fallen zurück auf die Oberfläche der Sonne.
- ➔ Das nennt man **Sonnenprotuberanz**. Manche Explosionen kann man sogar von der Erde sehen

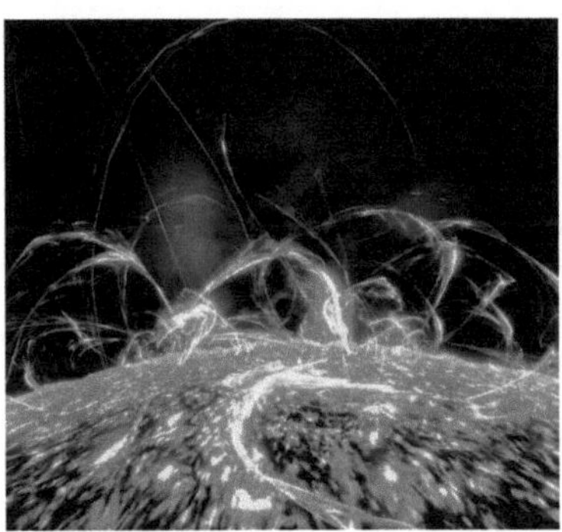

Die Massen werden so hoch geschleudert, dass man die ganze Erde darunter herschieben könnte.

<u>Aufgabe 3</u>:

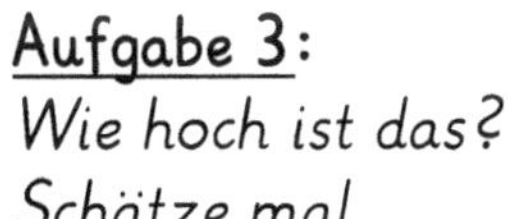

Wie hoch ist das? Schätze mal.

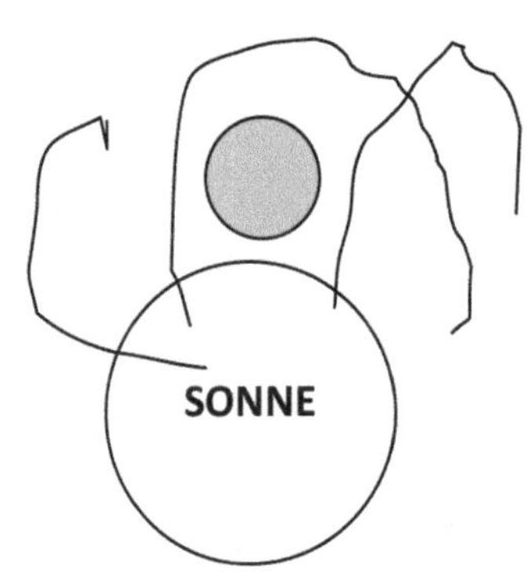

<u>Aufgabe 4</u>: *Kreuze die zutreffenden Sätze an.*

- ☐ 1. Auf der Sonne tobt ein Sandsturm.
- ☐ 2. Es finden winzige Explosionen statt.
- ☐ 3. Bei den Explosionen werden kleine Mengen Massen hochgeschleudert.
- ☐ 4. Helium verwandelt sich unter Hitze und Druck zu Wasserstoff.
- ☐ 5. Die Explosionen nennt man Sonnenprotuberanz.
- ☐ 6. Auf der Sonne tobt ein Feuersturm.
- ☐ 7. Die hochgeschleuderten Massen fliegen ins Weltall weg.
- ☐ 8. Die Explosionen erfolgen im Innern der Sonne.
- ☐ 9. Die Explosionen kann man nicht von der Erde aus sehen.
- ☐ 10. Die Erde fällt manchmal in die hochgeschleuderten Massen.

KOHL VERLAG Erforsche Planeten und Sterne Sachunterricht Grundschule – Bestell-Nr. 11 722

15 Die Sonne – ein Gigant

Aufgabe 5: *Zeichne ein passendes Bild zum Kreislauf des Wassers.*

Durch den vielen Regen müssten Meere und Ozeane irgendwann überlaufen.

Warum passiert das nicht?

Da hat die Sonne ihre Hände im Spiel!

- Die Sonne lässt das Regenwasser auf Meeren und Land durch ihre Wärme verdunsten.
- Das verdunstete Wasser steigt nach oben bis es auf kalte Luft trifft.
- Dort kleben sich die feinen Wassertröpfchen an Staubteilchen an.
- Es bilden sich Wolken.
- Wird eine Wolke zu schwer, regnet sie sich ab.
- Das Spiel beginnt von vorne.

Die Sonne erwärmt unsere Luftschichten unterschiedlich. Deshalb gibt es kalte und warme Luftschichten.

Die warmen Luftschichten ziehen die kalten an. Dadurch entsteht ein Luftstrom. Wir nennen ihn Wind. Je nachdem, wie stark der Luftstrom ist, spricht man von Sturm oder Orkan.

Beispiel Meer / Ozean:

- Die Sonne wärmt die Luft über dem Land schneller auf als über dem Meer.
- Die wärmere Luft über dem Land dehnt sich aus.
- Sie steigt nach oben.
- Jetzt wird Platz am Boden, in den sich die kalte Luft schiebt.
- Es entsteht Wind.

Ist die Sonne auch für den Wind verantwortlich?

Aufgabe 6: *Zeichne ein passendes Bild wie Wind entsteht.*

KOHL VERLAG
Erforsche Planeten und Sterne
Sachunterricht Grundschule – Bestell-Nr. 11 722

16 Nachgefragt

Aufgabe: *Hier kannst du den Planet-Sonne-Mond-Führerschein machen. Beantworte die Fragen schriftlich. Wenn du die Antwort nicht weißt, schaue in den vorherigen Seiten nach.*

a)	Wen umkreist die Erde?
b)	Wie heißen die acht Planeten?
c)	In welche Richtung drehen sich die meisten Planeten?
d)	Sind Sonne und Mond Planeten?
e)	Wer ist der „blaue" und wer ist der „rote" Planet?
f)	Wer ist der größte und wer ist der kleinste Planet?
g)	Aus welchen drei Teilen besteht ein Planet?
h)	Welches sind die vier Gesteinsplaneten?
i)	Wie nennt man die Atmosphäre mit einem anderen Wort?
j)	Warum fliegen die Planeten nicht einfach davon?
k)	Von wem wird der Mond angestrahlt?
l)	Was sind die Gezeiten und wer bewirkt sie?
m)	Wie nennt man die gewaltigen Explosionen auf der Sonne?

KOHL VERLAG Erforsche Planeten und Sterne Sachunterricht Grundschule – Bestell-Nr. 11 722

17 FAQ: Wer gibt den Sternen ihre Namen?

Für die **Namensgebung** muss es **feste Regeln** geben. Die Wissenschaftler in allen Ländern müssen wissen, wenn ein Name genannt wird, welcher Stern gemeint ist.

Die Namen sucht die **Internationale Astronomische Union (IAU)** aus. Sie hat ihren Hauptsitz in Paris.

Die **IAU** führt einen **Katalog** über alle bekannten Planeten und Sterne mit ihren Namen.

Planeten: Die Planeten sind nach griechischen Göttern benannt.

Kometen: Kometen werden nach ihren Entdeckern benannt. Beispiel: Der Halleysche Komet nach seinem Entdecker Edmond Halley (1656-1742).

Sterne: Kleine und schwach leuchtende Sterne bekommen nur eine Nummer im Katalog.

Aufgabe: *Du bist jetzt ein berühmter Astronom. Du hast einen Planeten, einen Stern und einen Mond entdeckt. Male sie aus und gib allen drei einen Namen.*

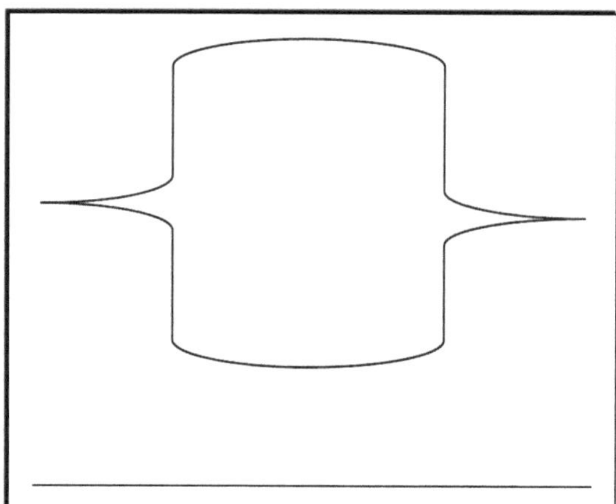

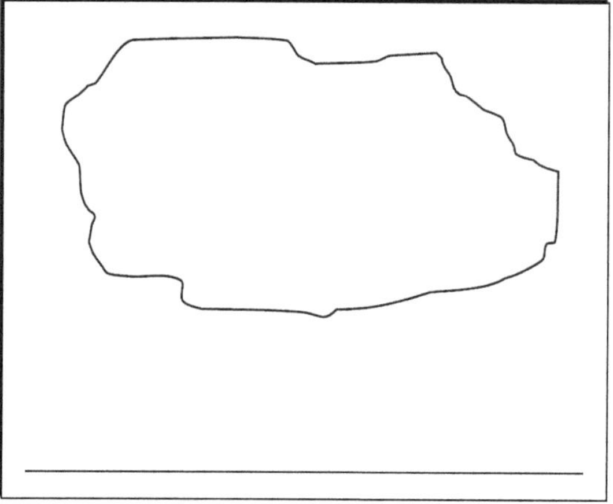

KOHL VERLAG Erforsche Planeten und Sterne Sachunterricht Grundschule – Bestell-Nr. 11 722

18 FAQ: Kann man einen Stern kaufen?

Elias wollte seiner Freundin ein besonderes Geburtstagsgeschenk machen. Seine Idee: Er wollte einen Stern kaufen, der ihren Namen, Irina, tragen sollte. Doch gibt es Firmen, die Sterne vom Himmel verkaufen? Elias forschte im Internet und fand einige Angebote mit tollen Versprechungen.

- ➔ Stern mit persönlichem Namen
- ➔ Originalfoto ihres Sterns
- ➔ Urkunde über den Besitz des Sterns
- ➔ Namentliche Registrierung im Sternenregister
- ➔ Sternkarte mit der Lage ihres Sterns
- ➔ Anleitung zur Beobachtung ihres Sterns
- ➔ Wertvolle Mappe für ihre Unterlagen
- ➔ Angebot: nur 250 Euro

Aufgabe: *Du hast eine Firma, die Sterne verkauft. Schreibe eine Werbebroschüre, mit der du neue Kunden gewinnen willst!*

Schenken Sie das Besondere! - zum Geburtstag - zur Hochzeit - zur Geburt des Kindes		

Kann man Sterne wirklich kaufen? Es gibt viele Firmen im Internet, die dies versprechen und damit den Leuten das Geld aus der Tasche ziehen wollen. Nur die IAU darf Gestirne benennen und das macht sie nicht für Privatpersonen und schon gar nicht gegen Bezahlung.

KOHL VERLAG Erforsche Planeten und Sterne Sachunterricht Grundschule - Bestell-Nr. 11 722

19 FAQ: Was ist eine Sternschnuppe?

Eine Sternschnuppe hat nichts mit einem Stern zu tun. Winzige, kleine und große **Gesteinsbrocken** aus dem Weltall, die man **Meteoriten** nennt, tauchen in die Atmosphäre der Erde ein. Dabei verglühen sie und hinterlassen eine Leuchtspur, die man als „**Sternschnuppe**" oder **Meteor** bezeichnet.

__Aufgabe:__ *Wenn man eine Sternschnuppe sieht, geht ein Wunsch in Erfüllung, so sagt man. Schreibe zehn Wünsche auf, die du an Sternschnuppen hättest!*

1. ______________________________
2. ______________________________
3. ______________________________
4. ______________________________
5. ______________________________
6. ______________________________
7. ______________________________
8. ______________________________
9. ______________________________
10. ______________________________

Mitte August kannst du einen **Sternschnuppen-Regen** am Nachthimmel beobachten. Deine Wünsche müssen allerdings schnell erfolgen, denn sie erreichen eine Geschwindigkeit von **200.000 km/h**. Sie sind also rasant wieder verschwunden.

KOHL VERLAG Erforsche Planeten und Sterne
Sachunterricht Grundschule – Bestell-Nr. 11 722

20 FAQ: Was ist ein Lichtjahr?

Das **Licht** legt in **1 Sekunde** eine Strecke von **300.000 km** zurück.

In **1 Jahr** legt das **Licht** eine Strecke von **10.000.000.000.000 km** (**10 Billionen**) zurück.

<u>Aufgabe 1</u>: *Wie oft würde das Licht die Erde am Äquator in einer Sekunde umrunden?*

____

Der Umfang des Äquators beträgt 40.000 km.

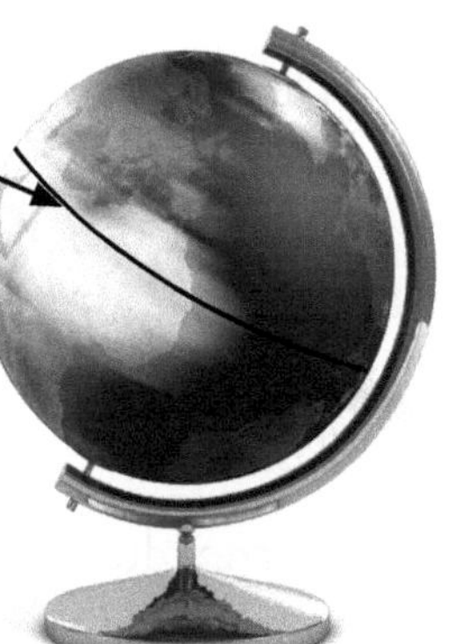

Wozu braucht man die Entfernungseinheit „Lichtahr" überhaupt?

Auf der Erde kommt man mit dem Maß **Kilometer** gut zurecht, nicht aber im Weltall.

<u>Beispiel</u>: Entfernung zwischen der Erde und dem nächsten Stern.

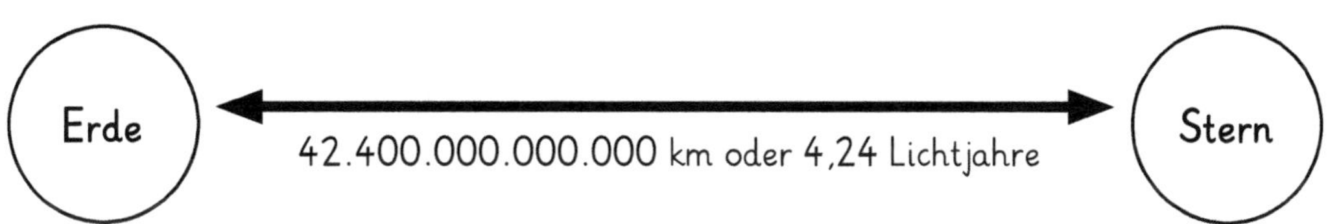

Mit solchen Riesenzahlen zu arbeiten, wäre unhandlich für die Astronomie. Darum benutzen Astronomen andere Entfernungseinheiten, z. B. Lichtjahre.

<u>Aufgabe 2</u>: *Wie viele Lichtjahre sind 42.400.000.000.000 km?* __________

<u>Aufgabe 3</u>: *Wer traut sich an diese Aufgaben?*

Die Überreste eines verglühten Sterns sind 4.000 Lichtjahre von uns entfernt. Wie viele Kilometer sind das? Rechne aus. ______________

Der Mond ist 384.400 km von der Erde entfernt. Du steigst in ein Raumschiff, das mit Lichtgeschwindigkeit fliegt. Wie lange braucht dein Raumschiff in etwa bis zum Mond? ______________

Dein Raumschiff ist aber eine lahme Ente gegen die Lichtgeschwindigkeit und es fliegt nur 8.000 km Strecke in 1 Stunde. Wie lange brauchst du nun in etwa bis zum Mond? ______________

KOHL VERLAG Erforsche Planeten und Sterne Sachunterricht Grundschule – Bestell-Nr. 11 722

21 FAQ: Warum ist der Himmel nachts schwarz?

<u>Am Tag:</u>

ERDE

SONNE

Erdatmosphäre mit ganz vielen Luftteilchen (Luftmoleküle)

Das Sonnenlicht trifft auf die Luftmoleküle der Erdatmosphäre und wird in alle Richtungen gestreut. Überall ist es hell.

Die Erde dreht sich. Wo vorher Tag war, wird es Nacht. Der Mond wird von der Sonne angestrahlt. Aber er hat keine Atmosphäre, also auch keine Luftmoleküle, die das Licht verstreuen könnten.

Wenn du auf dem Mond stehen würdest, hättest du Tag und Nacht einen schwarzen Himmel.

Das Weltall hat unendlich viele Sterne. Warum legen sie nicht alle ihr Licht zusammen, sodass der Nachthimmel auch in der Nacht hell ist?

Das Weltall ist etwa 15 Milliarden Jahre alt. Wir sehen nur das Licht von Sternen, die höchstens 15 Milliarden Lichtjahre entfernt sind. Weiter entfernte Sterne hatten noch keine Zeit, uns mit ihrem Licht zu erreichen und mit anderen Sternen zusammen den Nachthimmel zu erhellen.

<u>Aufgabe</u>: *Schreibe zwei Haikus zum Nachhimmel.*
(5 Silben – 7 Silben – 5 Silben)

<u>Beispiel</u>: Mantel tintenschwarz – Brilliantenübersät – Lichtnetz gewebt

22 FAQ: Was ist Weltraummüll?

Bald gibt es einen neuen Beruf im Weltall.

Hab es gehört! Den Beruf des Weltraum-müllmannes.

Wäre das wirklich nötig? Weltraummüll besteht aus Gegenständen, die keinen Nutzen mehr haben, aber im Weltraum herumfliegen. Diese Gegenstände haben wir Menschen hinterlassen, als wir vor 60 Jahren damit begannen, den Weltraum mit Raketen, Satelliten und Raumkapseln zu erkunden.

Aufgabe 1: *Lies die Informationen und schreibe einen Sachtext daraus.*

Das entsorgten die Menschen in 60 Jahren im Weltraum:

- Über 4.000 Satelliten hochgeschossen
- Viele mittlerweile nutzlos
- Millionen Stücke Weltraummüll durchkreuzen unser Sonnensystem
- Groß wie Lastwagen, kleiner als eine Erbse
- Abgeworfene Raketenstufen, Trümmerstücke von Explosionen oder Zusammenstößen
- Geschwindigkeit um die Erde 36.000 km/h
- Anziehungskraft der Erde zieht Teile an
- Stücke verglühen meistens in der Erdatmosphäre
- Manchmal landen Stücke auch auf der Erde
- Teile über 1.000 m Höhe kreisen länger als 100 Jahre
- Gefahr für Flugzeuge und bemannte Raumfahrzeuge
- Ein 10 cm großes Stück hat eine Stärke von 25 Dynamitstangen

Aufgabe 2: *Hast du eine Idee, wie man in Zukunft Weltraummüll vermeiden kann? Notiere.*

KOHL VERLAG
Erforsche Planeten und Sterne
Sachunterricht Grundschule – Bestell-Nr. 11 722

23 FAQ: Scheinen die Sterne ewig?

Nein! Sterne werden geboren. Ein Stern ist eine hell leuchtende **Gaskugel**. Die Geburt nennt man **Lebenszyklus**. Den größten Teil seines Lebens befindet sich der Stern im **Hauptreihenstadium**.

Wie lange ein Stern lebt, hängt von seiner Masse ab. Je mehr Masse er hat, desto größer ist sein Brennstoffvorrat. Aber die großen Sterne gehen auch verschwenderischer mit ihrem Brennstoff um als die kleineren. Daher leben sie nicht so lange.

Beispiele:

Ein Stern mit 15 Mal mehr Masse als die Sonne lebt nur 500.000 Jahre.
Ein Stern mit nur 1 Mal mehr Masse als die Sonne lebt 10.000.000.000 Jahre.

Wie stirbt ein Stern?

Aufgabe: *Schneide die Karten aus und ordne sie in der richtigen Reihenfolge.*

Die Hülle beginnt sich auszudehnen und kühlt ab.	**Der Stern leuchtet.**
In seinem Innern wird ständig Wasserstoff in Helium verwandelt.	**Beim Ausdehnen beginnt die Hülle rot zu glühen.**
Die äußere Hülle des Sterns besteht dann nur noch aus Wasserstoff.	**Der Stern ist zu einem schwarzen Zwerg geworden.**
Wenn alle Gase verbraucht sind, beginnt der Stern zu sterben.	**Irgendwann lässt die Verwandlung von Wasserstoff in Helium nach.**
Der Stern wird zum „Roten Riesen".	**Seine Anziehungskraft drückt die Reste der Sternmaterie zusammen.**

KOHL VERLAG Erforsche Planeten und Sterne Sachunterricht Grundschule – Bestell-Nr. 11 722

24 FAQ: Ist der Weltraum wirklich unendlich?

„Der Weltraum – unendliche Weiten", so beginnen viele Serienfilme über Raumschiffe und die Abenteuer ihrer Besatzungen.

Aber woher wissen wir,
ob er wirklich unendlich ist?
Was heißt unendlich?
Ohne Anfang und ohne Ende?

Eine Kugel hat keinen Anfang
und kein Ende. Unsere Erde ist eine
Kugel. Also ist unsere Erde unendlich.

Von 1912 bis heute konnten Astronomen immer größere Entfernungen zu anderen Sternen messen. So entstand der Eindruck, dass der Weltraum unendlich sein müsse.

Ob er aber wirklich unendlich ist, wissen wir auch heute noch nicht. Vielleicht ist er auch eine riesige Kugel, in dem alle Planeten, Monde und Sterne schweben. Wenn er eine Kugel wäre, wäre er tatsächlich unendlich – ohne Anfang und ohne Ende.

Aufgabe: *Wie stellst du dir den Weltraum vor? Vielleicht ist er eine Kugel, ein Dreieck oder was? Male deine Vorstellung vom Weltraum.*

KOHL VERLAG Erforsche Planeten und Sterne Sachunterricht Grundschule – Bestell-Nr. 11 722

25 FAQ: Gibt es Marsmenschen oder Aliens?

Gibt es sie wirklich?
UFOs, Marsmenschen, Aliens und Außerirdische?

Immer wieder gibt es Berichte über die Sichtung von UFOs, die auf unsere Erde zusteuern und die Landung von Außerirdischen. **UFO** bedeutet **Unidentifiziertes Flugobjekt**. Doch bei den meisten Sichtungen stellt sich früher oder später eine natürliche Erklärung heraus. Doch manchmal gibt es keine Erklärung. Dann ist es ein UFO, eben ein **unidentifiziertes** Flugobjekt.

Die Wissenschaftler meinen, dass der Merkur, der Mond und auch Jupiter oder Saturn nie bewohnt waren. Manche Planeten sind so heiß oder eiskalt, dass es für Leben, wie wir es heute kennen, nicht geeignet ist.

Die amerikanische Raumfahrtbehörde NASA hat zwei besondere Sonden ins Weltall geschickt. Die Sonden führen Tafeln mit sich, auf denen Abbilder von uns Menschen, eine einfache Karte unserer Erde und eines Wasserstoffatoms zu sehen sind. Das sind Botschaften an außerirdische Lebewesen, die die Sonden vielleicht einmal finden.

Aufgabe 1: *Hier stehen Aliens vor dir. Sie haben eine geschriebene Botschaft in der Hand. Was könnte darauf stehen? Schreibe deine Idee hin.*

Aufgabe 2: *Hier haben zwei Aliens einen Menschen in ihrem Raumschiff entführt. Worüber beraten sie? Schreibe einen kurzen Dialog.*

KOHL VERLAG
Erforsche Planeten und Sterne
Sachunterricht Grundschule - Bestell-Nr. 11 722

26 FAQ: Was sind Sternbilder?

Sterne, die so deutlich zu erkennen sind, dass man sie leicht am Himmel wiederfindet, und die eine Gruppe bilden, nennt man **Sterngruppen**.

Menschen, die vor 200 Jahren lebten, sahen in diesen Gruppen Personen und Figuren aus ihren Sagen. Als später Sternkarten angefertigt wurden, wurden die Sterngruppen, die schon einen Namen hatten, als **Sternbilder** bezeichnet.

Die Umrisse der Sternbilder erhält man, indem man alle Sterne mit einer geraden Linie miteinander verbindet.

Zu jeder Jahreszeit kann man verschiedene Sternbilder, die man nur von bestimmten Teilen der Erde sehen kann, erkennen.

Zum Beispiel kann man von Australien aus das Sternbild **Kreuz des Südens** sehen, aber nicht von Europa aus.

Widder Stier Zwilling

Wassermann Fische Loewe

Krebs Schuetze Steinbock

Jungfrau Waage Skorpion

__Aufgabe 1__: *Auf dem Bild siehst du einige Sterngruppen, die durch Linien miteinander verbunden sind. Welches Sternzeichen bist du?*

__Aufgabe 2__: *Zeichne jetzt selbst wahllos einige Sterne in die Felder. Verbinde sie durch Linien! Gib deinen Sternbildern einen Namen.*

Erforsche Planeten und Sterne
Sachunterricht Grundschule – Bestell-Nr. 11 722
KOHL VERLAG

27 FAQ: Was ist die Milchstraße?

Die Milchstraße ist eine **bandförmige Aufhellung am Nachthimmel**. Das Band der Milchstraße ist ein unregelmäßig breiter, schwacher, heller Streifen.

Die **Milchstraße** hat ihren **Namen** von ihrer **Aufhellung**, die man mit der Farbe der Milch verglich. Diese Erscheinung ist kein Nebelband, sondern sie **besteht aus vielen kleinen Sternen**. Die Sterne leuchten nur schwach, sodass man den einzelnen Stern mit bloßem Auge nicht sieht. Sie erscheinen uns als helles Band.

Schon im **Altertum** war die Milchstraße als helles Band am Nachthimmel bekannt. Heute wissen wir, dass die **Milchstraße** etwa **13,6 Milliarden Jahre alt** ist.

Aufgabe: *Suche sinnlose Milch-Wörter. Schreibe ins Heft.*

Beutel
Gebiss
Auto
Bart
Pickeln
Messer
Brei
Mixgetränk
Kännchen
Schuhe
Kappe
Schokolade
Erzeugung
Tankwagen
Ortschaft
Eiweiß
Bonbon

KOHL VERLAG Erforsche Planeten und Sterne Sachunterricht Grundschule – Bestell-Nr. 11 722

28 FAQ: Warum flimmern die Sterne?

Nein, die Sterne am Nachthimmel tanzen nicht, Samba, plinkern nicht mit den Augen oder erzählen sich gegenseitig Witze, über die sie sich vor Lachen schütteln.

Die Sterne scheinen immer ihre Helligkeit zu ändern und zu flimmern. Tatsächlich aber scheinen sie mit gleichbleibender Helligkeit. Die Bewegung der Luft lenkt Lichtstrahlen ab, wenn sie durch die Atmosphäre laufen. Ein Teil des Lichts fällt dann an unserem Auge vorbei. Das sieht dann so aus, als ob die Sterne flimmern würden.

Aufgabe: *Suche dir einen Lieblingsstern am Himmel! Schreibe ihm einen Brief.*

Mein lieber Stern,

____

____

____

____

____

____

____

____

Viele Grüße

____

Sterne am Horizont flimmern viel stärker. Der Grund dafür ist, dass deren Lichtstrahl einen sehr langen Weg durch die Erdatmosphäre zurücklegen muss, bevor er deine Augen erreicht. Bei einem Stern, der ganz hoch am Himmel steht, ist dieser Weg viel kürzer.

Erforsche Planeten und Sterne
Sachunterricht Grundschule – Bestell-Nr. 11 722
KOHL VERLAG

29 FAQ: Wer ist der größte Stern im Weltall?

Der **VY Canis Majoris** ist der uns im Moment größte bekannte Stern. Er ist ein „Roter Riese", d.h. er befindet sich auf dem Weg zu verglühen. **VY Canis Majoris** hat einen **Durchmesser** von unvorstellbaren **4,3 Milliarden Kilometern** und ist **5.000 Lichtjahre** von uns entfernt.

Aufgabe 1: *Traust du dich, die Lichtjahre in Kilometer umzurechnen?*

1 Lichtjahr entspricht 10.000.000.000.000 km (10 Billionen)
5.000 Lichtjahre entsprechen ______________________________ km

Obwohl er immer von einer Wolke umgeben ist und wir nur einen Teil seines Lichts sehen, gehört er zu den leucht-stärksten Sternen. Er gehört zum **Sternbild** des **Großen Hundes**, wie sein Name auch sagt: Hund = lateinisch canis und groß = lateinisch major.

Ich habe eine Idee, wie du dir die Größe am besten vorstellen kannst.

Aufgabe 2: *Denke dir* ***VY Canis Majoris*** *an Stelle der Sonne! Seine Größe würde bis zur Umlaufbahn des Saturns gehen.*
Zeichne die Größe ein!

KOHL VERLAG Erforsche Planeten und Sterne Sachunterricht Grundschule – Bestell-Nr. 11 722

30 FAQ: Gibt es Leben auf dem Mars?

Seit 40 Jahren werden immer wieder **Erkundungsroboter** auf den Mars, den „roten Planeten", geschickt. Die Wissenschaftler wollen wissen,...

... ob schon Leben auf dem Planeten ist.
... ob wir Siedlungen anlegen könnten.
... ob jedes Land Siedlungen bauen könnte.
... ob der Mars als Zweigstelle der Erde denkbar wäre.

Das fanden die Erkundungsroboter heraus:

- ➔ Es gibt Wasser auf dem Mars in Form von Eis und Wasserdampf.
- ➔ Es gibt einige Gase, aber sehr wenig Sauerstoff zum Atmen.
- ➔ Das Gestein ist unserem Gestein ähnlich.
- ➔ Früher gab es Gletscher und Ströme von Schmelzwasser.
- ➔ Das meiste Gas ist Kohlendioxyd, also verbrauchte Luft.
- ➔ Irgendeine Form von Leben fand man bisher nicht.

Es gibt für die Wissenschaftler viel zu tun, denn bis zum Jahr 2050 soll die erste Siedlung gebaut werden.

Inzwischen hatten sie viele Ideen, die uns das Leben auf dem Mars ermöglichen sollen, z. B. wie man Sauerstoff zum Atmen in Gebäude pumpen kann.

Ohne Raumanzug könnte man das Haus nicht verlassen. An- und Ausziehen wären umständlich, wenn man mal eben in den Supermarkt geht.

HAUS

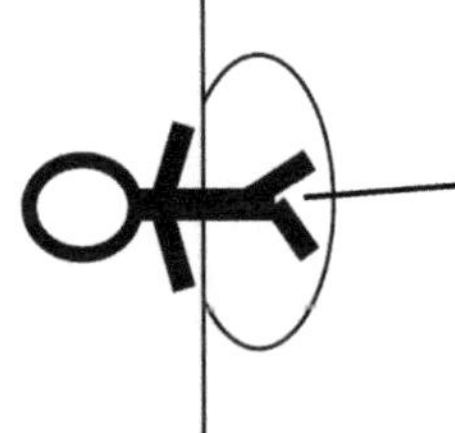

Die Idee:
Schleuse, in der ein Raumanzug hängt.
Eingang und Ausgang.
Mensch schlüpft in den Raumanzug wie in einen Ganzkörperhandschuh.

Sie bauen einen Wagen, mit dem man zum Supermarkt fahren kann. Bei Tests im Sand hier auf der Erde blieb er stecken

Aufgabe:

Wie kann man das Problem lösen? Zeichne deine Idee auf oder schreibe einen kurzen Text.

KOHL VERLAG Erforsche Planeten und Sterne Sachunterricht Grundschule - Bestell-Nr. 11 722

31 FAQ: Warum ist es im Weltall kalt?

Im Weltall ist nichts. Es ist total leer. Es gibt keinen Staub, keine Luft, kein Gas.

Die Sonne schickt ihre Strahlen durch das Weltall, aber sie finden nichts, was sie erwärmen könnten. Steine, Luft und Wasser kann man erwärmen. Aber wenn nichts da ist, können die Sonnenstrahlen nichts erwärmen. **Es ist eiskalt im Weltall!**

Bei unserer Erde ist das anders. Die Erde ist von der **Atmosphäre**, einer **Luftkugel**, umgeben. Diese Luftkugel wird von der Sonne erwärmt. Deshalb ist es warm auf unserer Erde.

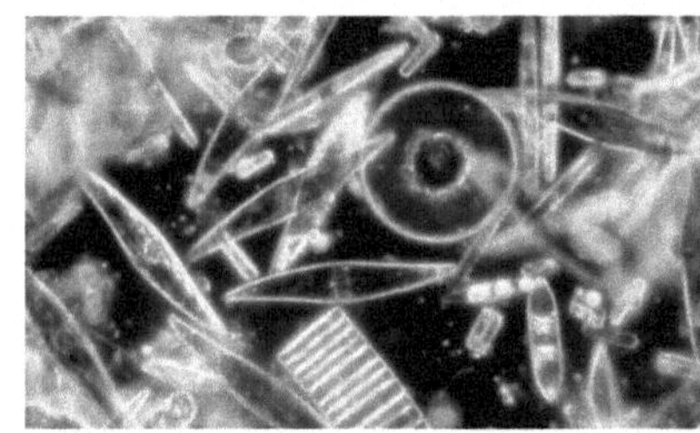

Das **erste Lebewesen** war die **Kieselalge**, die es sogar heute noch gibt. Die Kieselalge produzierte Sauerstoff. Das **warme Klima**, das **Licht der Sonne** und der **Sauerstoff zum Atmen** ließen Leben auf der Erde entstehen.

<u>Aufgabe:</u> *Schreibe zwei Elfchen zu dem Text wie in dem Beispiel.*

1. Zeile	Weltall
2. Zeile	völlig leer
3. Zeile	Sonne schickt Strahlen
4. Zeile	wollen erwärmen, finden nichts
5. Zeile	eiskalt

Elfchen sind Texte aus elf Wörtern, verteilt über 5 Zeilen.

1. Zeile = 1 Wort
2. Zeile = 2 Wörter
3. Zeile = 3 Wörter
4. Zeile = 4 Wörter
5. Zeile = 1 Wort

KOHL VERLAG Erforsche Planeten und Sterne Sachunterricht Grundschule – Bestell-Nr. 11 722

32 FAQ: Wann gab es den ersten Satelliten?

Aufgabe 1: *Lies den Radiobericht.*

„Meine Damen und Herren, wir unterbrechen unser laufendes Programm für einen Sonderbericht.

Soeben wurde bekannt, dass Russland den ersten künstlichen Satelliten ins Weltall geschossen hat. Der Start erfolgte vom Weltraumbahnhof Baikonur in Kasachstan. Der Name des Satelliten ist Sputnik, was übersetzt so viel wie Weggefährte bedeutet. Es ist ein durchaus passender Namen, denn Sputnik umkreist die Erde als fliegender Weggefährte.

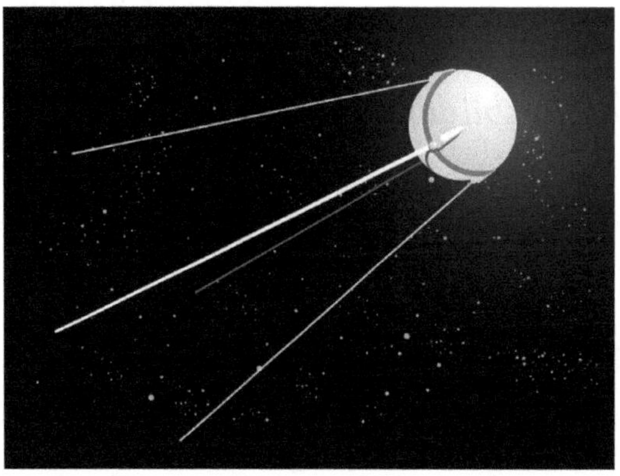

Die Kugel aus Aluminium ist strandballgroß und wiegt 83 Kilogramm. Sie ist mit vier Antennen bestückt und sendet ständig Piepssignale aus, die man sogar mit dem Radio empfangen kann. Der Satellit soll die Erde 92 Tage lang umkreisen.

Am heutigen 4. Oktober 1957 hat Russland begonnen, Weltraumgeschichte zu schreiben."

Aufgabe 2: *Entwirf eine Briefmarke zu diesem wichtigen Ereignis.*

KOHL VERLAG
Erforsche Planeten und Sterne
Sachunterricht Grundschule – Bestell-Nr. 11 722

33 FAQ: Wie werde ich Astronaut / Astronautin?

Menschen, die sich auf Forschungsreise ins Weltall begeben, nennt man **Astronauten** (lat. Sternfahrer) oder **Raumfahrer**.

Die Ausbildung ist hart:

- Tests und Fitnesstraining von morgens bis abends
- Stundenlanges Konzentrationstraining: Wie gut kann man sich Sachen merken? Kopfrechnen
- Orientierung in der Schwerelosigkeit
- Arbeit in der Zentrifugenkapsel, in der sie wie in einem Karussell herumgeschleudert werden, damit der Körper den enormen Druck beim Start aushält.

Stellenausschreibung ESA (Europäische Weltraumbehörde)

Sie möchten eine Ausbildung zum/zur Astronaut/Astronautin machen?

Schicken Sie uns Ihre Bewerbung, wenn Sie diese Voraussetzungen mitbringen:

Alter: 27 bis 37 Jahre

Sprachen: Englisch, Russisch

Ausbildung: Studium der Technik, Medizin oder Naturwissenschaften an einer Universität

Sonstiges: ärztliches Attest über Ihren Gesundheitszustand

Die Ausbildung besteht aus drei Stufen und dauert drei Jahre.

Aufgabe: *Schreibe deine Bewerbung.*

KOHL VERLAG Erforsche Planeten und Sterne Sachunterricht Grundschule – Bestell-Nr. 11 722

34 FAQ: Wie lebt ein Astronaut im Weltall?

An Bord einer Raumstation herrscht Schwerelosigkeit. Menschen, Gegenstände und Flüssigkeiten schweben durch den Raum.

Aufgabe: *Alle Gegenstände sowie die Astronauten schweben. Aber die Astronauten müssen schlafen, sich waschen, essen usw.. Das stellt die Astronauten vor mehrere Probleme. Hast du eigene Lösungsvorschläge für diese Probleme?*

1. **Problem:** Die Astronauten schlafen auf fest angeschraubten Liegen. Doch sie brauchen Bettzeug, das durch den Raum schweben würde.
   Deine Problemlösung?
   ____

2. **Problem:** Die Astronauten müssen morgens duschen. Das Wasser würde durch den Raum schweben. **Deine Problemlösung?**
   ____

3. **Problem:** Auch Astronauten „müssen" mal. Die Toilette ist am Boden befestigt, aber Urin und Exkremente würden aus dem WC durch den Raum fliegen. **Deine Problemlösung?**
   ____

4. **Problem:** Ihr Müsli und ihren Kaffee müssten die Astronauten mit dem Mund aus dem Raum einfangen. **Deine Problemlösung?**
   ____

5. **Problem:** Beim Zähneputzen kann keine Zahnpasta aus der Tube auf die Zahnbürste gedrückt und das Wasser nicht aus dem Mund ausgespuckt werden. Beides würde den Astronauten um die Ohren fliegen.
   Deine Problemlösung?
   ____

KOHL VERLAG Erforsche Planeten und Sterne Sachunterricht Grundschule - Bestell-Nr. 11 722

35 FAQ: Was ist die ISS?

ISS (sprich: ei-s-s) bedeutet **International Space Station** (sprich: internäschenäl spe-iß ste-ischön) oder **Internationale Raumstation**

Die **ISS** ist das größte **Weltraumlabor**, das je im Weltraum geflogen ist.

Die **ISS** ist eine Gemeinschaftsarbeit vieler verschiedener Länder. Auch Deutschland ist dabei.

Die **ISS** rast mit **28.000 km/h** um die Erde und ist so lang wie ein Fußballfeld.

Die **ISS** kreist in einer Höhe von etwa **350 Kilometern** um die Erde. Anderthalb Stunden dauert eine solche Runde.

Ab 1998 wurde die **ISS** gebaut. Erste Module wurden im Weltall unbemannt, später bemannt aufgebaut. Es wird an ihr noch weitergebaut.

Die **Besatzung** der **ISS** besteht aus **6 Astronauten**, die alle **6 Monate** ausgetauscht werden.

<u>Aufgabe:</u> *Warum geben die Länder so viele Millionen Euros für eine Weltraumstation aus? Was sollen die Wissenschaftler herausfinden? Kreuze an.*

- ☐ Ob sich Menschen und Tiere an die Schwerelosigkeit gewöhnen.
- ☐ Wie sich die Schrumpfung der Knochenmasse beim Menschen im Weltall stoppen lässt.
- ☐ Wie man eine künstliche Anziehungskraft herstellen kann.
- ☐ Wie Nebel und Regen entstehen.
- ☐ Wie sich das Klima für die Erde verändert.
- ☐ Wo noch Bodenschätze wie Öl auf der Erde zu finden sind.
- ☐ Wie viele Länder es auf der Erde gibt.
- ☐ Wie die Menschen das Essen im Weltall wieder schmecken können.
- ☐ Ob man Regenkleidung benötigen wird.

KOHL VERLAG Erforsche Planeten und Sterne Sachunterricht Grundschule – Bestell-Nr. 11 722

36 FAQ: Was ist eine Sonnenfinsternis?

Von der Erde aus gesehen, erscheinen Sonne und Mond gleich groß. **Der Grund**: Die Sonne ist 400-mal größer als der Mond und auch 400-mal so weit entfernt.

Bei einer **Sonnenfinsternis** schiebt sich der Mond zwischen Erde und Sonne. Sonne, Mond und Erde stehen auf einer Linie.

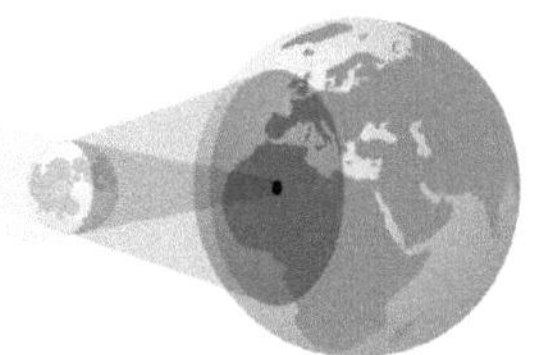

Bei der **totalen Sonnenfinsternis** wird die Sonne vom Mond völlig bedeckt. Das dauert etwa 8 Minuten.

Bei einer **totalen Sonnenfinsternis** wird es in einigen Gebieten auf der Erde am Tag stockdunkel. Bei einer totalen Sonnenfinsternis bedeckt der Mond die Sonne „total".

Je nachdem auf welchem Gebiet der Erde du stehst, verdeckt der Mond die Erde nicht ganz. Dann siehst du eine teilweise Sonnenfinsternis.

Aufgabe: *Schreibe ein Akrostichon zu dem Text.*

S onne wird von Mond verdeckt.
O ______
N ______
N ______
E ______
N ______
F ür eine Sonnenfinsternis müssen Sonne, Mond und Erde in einer Linie stehen.
I ______
N ______
S ______
T ______
E ______
R ______
N ______
I ______
S onne und Mond sehen von der Erde gleich groß aus.

KOHL VERLAG Erforsche Planeten und Sterne
Sachunterricht Grundschule – Bestell-Nr. 11 722

37 FAQ: Was ist eine Mondfinsternis?

Bei einer **totalen Mondfinsternis** muss Vollmond sein. Die Erde liegt dann genau zwischen Sonne und Mond.

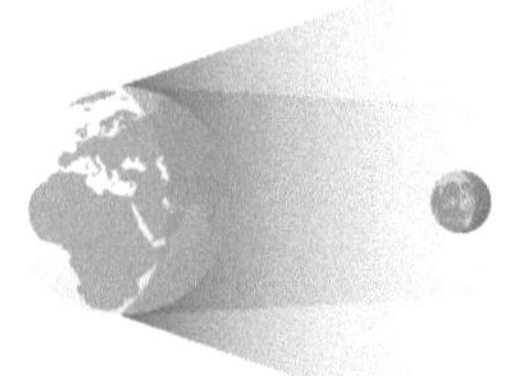

Die Sonne strahlt die Erde an. Die Erde wirft einen Schatten zum Mond. Das nennt man **Erdschatten**. Zieht der Mond durch diesen Erdschatten, entsteht eine Mondfinsternis. Taucht der Mond total in den Erdschatten ein, ist es eine **totale Mondfinsternis**.

Aufgabe:
Finde passende Wörter aus dem Text.

											E		
											I		
											N		
											T		
											a		
											U		
											C		
											H		
	V										E		
M	O	N	D	F	I	N	S	T	E	R	N	I	S
	L												
	L												
	M												
	O												
	N												
	D												

KOHL VERLAG Lernen mit Erfolg
Erforsche Planeten und Sterne
Sachunterricht Grundschule – Bestell-Nr. 11 722

38 FAQ: Wie ist das Weltall entstanden?

Die Wissenschaftler meinen, dass das Weltall **15 Milliarden Jahre** alt ist. Es soll durch einen großen Knall entstanden sein, den man **Urknall** nennt. Das ganze Weltall befand sich in einer ungeheuer heißen Blase, die kleiner als ein Stecknadelkopf war.

Dann explodierte die Blase und heraus kam das Weltall. Es wuchs rasant weiter und auch heute noch dehnt es sich immer weiter aus.

Drei Minuten nach dem Urknall hatte sich das Weltall auf **1 Milliarde Grad Celsius** abgekühlt. Nach 300.000 Jahren war es nur noch **3.000 °C** warm.

Es gibt natürlich kein Foto von dem Urknall. Manche Künstler haben ihn gemalt oder mit dem Computer dargestellt, so wie sie sich ihn vorstellen. Das Bild ist ein Beispiel dafür.

<u>**Aufgabe:**</u> *Male deine Vorstellung vom Urknall mit Bunt- oder Filzstiften in den Rahmen.*

KOHL VERLAG Erforsche Planeten und Sterne Sachunterricht Grundschule - Bestell-Nr. 11 722

39 FAQ: Was ist ein Komet?

Als Jesus geboren wurde, soll ein **Komet** den Weisen aus dem Morgenland den Weg zur Krippe gezeigt haben. So zeigen es uns Weihnachtskarten auch heute noch.

Kometen bestehen aus **Gas** und kleinen **Gesteins- und Eisbrocken.** Sie kreisen in unserem Sonnensystem auf verschiedenen Bahnen. Kommt ein Komet dicht an sie Sonne heran, bildet er einen **Schweif**. Die Sonnenwärme heizt den Kometen auf, sodass Teile von ihm zu Dampf werden. Durch diesen Dampf entsteht der Schweif.

__Aufgabe 1__: *Lies das Gedicht von Erich Mühsam (1878-1934).*

Der Komet

Der Stern, der bei der Venus steht,
Schau, Mädchen, und begreif:
Der neue Stern ist ein Komet.
Kühn spreizt sich ihm der Schweif.

Es staunt der Mond: was will der Wicht
Mit seinem langen Schwanz?
Mich dünkt, das ganze Himmelslicht
Erstrahlt in jungem Glanz.

Schau, Mädchen, wie der Mond von Gift
Und Eifersucht sich bläht,
Weil des Kometen starke Schrift
Am Himmel Sünden sät.

Es glitzert Venus, Juno lacht,
Uranos aber zwinkt,
Wenn dieser Neuling Nacht
für Nacht
Mit seinem Zierrat winkt.
Bald sinkt er wieder in den
Raum.
Dann kommt er nur noch fern
Der Venus manchmal in den
Traum
Und manchem andern Stern.

39 FAQ: Was ist ein Komet?

Aufgabe 2: *Beantworte die Fragen zum Gedicht „Der Komet".*

a)	Bei welchem Planeten steht der Stern?
b)	Was ist der neue Stern?
c)	Woran erkennt man den neuen Stern?
d)	Was denkt der Mond?
e)	Wie verhält sich der Mond?
f)	Wie verhalten sich Venus und Juno?
g)	Wohin fliegt der Komet?

Kometen wurden früher für Naturkatastrophen, Kriege, Erdbeben, Brände oder Seuchen verantwortlich gemacht.

Der berühmteste Komet ist der **Halleysche Komet**. Er wurde **1682** von **Edmund Halley** entdeckt.

Der **Halleysche Komet** braucht für eine **Umrundung** um die Sonne **76 Jahre.**

Dann konnten die Menschen den Kometen auf der Erde sehen:

1682
1758
1835
1910
1986

Aufgabe 3:

In welchem Jahr wird der Halleysche Komet wieder von der Erde aus zu sehen sein?

KOHL VERLAG Erforsche Planeten und Sterne – Sachunterricht Grundschule – Bestell-Nr. 11 722

40 FAQ: Was ist ein Meteorit?

Es ist unvorstellbar, dass täglich etwa 50 Tonnen Gesteinsbrocken aus dem Weltall auf die Erde fallen. Diese Gesteinsbrocken nennt man **Meteoriten.**

Fast alles Gestein kommt aus dem Bereich zwischen den Umlaufbahnen von Jupiter und Mars.

Aufgabe 1: *Zeichne den Bereich ein.*

Diese Brocken wandern Millionen Jahre durch das Weltall, bis sie von der Schwerkraft eines Planeten angezogen werden und auf seiner Oberfläche landen.

Der größte Meteorit auf der Erde liegt in Südafrika. Der **Hoba** hat einen **Durchmesser von 10 m** und ein **Gewicht von 60 Tonnen.** Er schlug vor etwa **80.000 Jahren** auf der Erde ein. Sein geschätztes Alter beträgt **190 bis 410 Millionen Jahre.**

Aufgabe 2: *Stell dir vor, du bist der Meteorit Hoba und erzählst von deinem Einschlag vor 80.000 Jahren auf die Erde.*

KOHL VERLAG Erforsche Planeten und Sterne Sachunterricht Grundschule – Bestell-Nr. 11 722

40 FAQ: Was ist ein Meteorit?

Auf der Erde wurden bisher viele tausend Meteoriten gefunden. Einige Menschen wurden leicht verletzt, eine Kuh wurde erschlagen und Häuser und Autos beschädigt.

Nicht nur Meteoriten kommen aus dem Weltall sondern auch **viele tausende Jahre alter Schmuck.**

Wie kann das sein?

Bei Ausgrabungen in Ägypten fand man vor 100 Jahren **Schmuckstücke aus Eisen,** die von Künstlern bearbeitet worden waren. Doch man hatte vor 100 Jahren noch keine Apparate, um altes Metall zu untersuchen.

Jetzt gab es Geräte zur Untersuchung und englische Wissenschaftler machten sich an die Arbeit. Sie staunten nicht schlecht, denn

das Eisen gab es nicht auf der Erde, aber im Weltall.

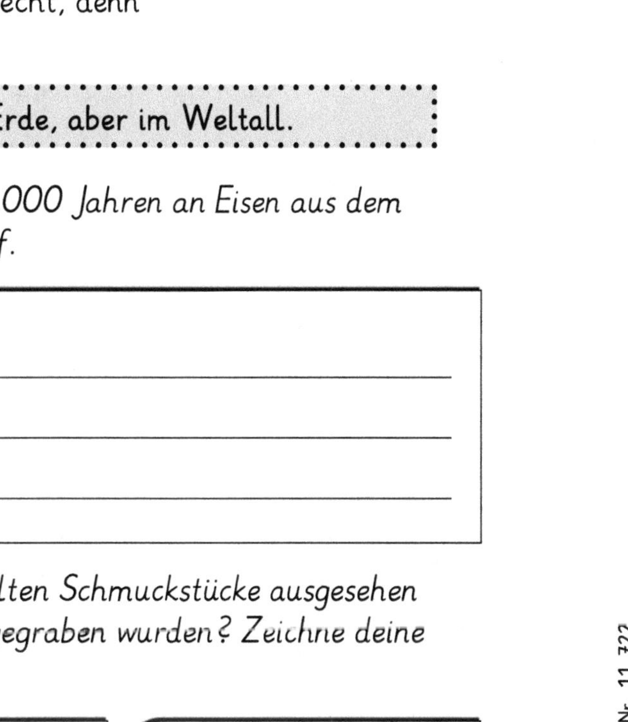

__Aufgabe 3:__ *Wie kamen die Menschen vor 5.000 Jahren an Eisen aus dem Weltall? Schreibe deine Idee auf.*

__Aufgabe 4:__ *Wie könnten die 5.000 Jahre alten Schmuckstücke ausgesehen haben, die vor 100 Jahren ausgegraben wurden? Zeichne deine Ideen in die Rahmen.*

KOHL VERLAG Erforsche Planeten und Sterne Sachunterricht Grundschule – Bestell-Nr. 11 722

FAQ: War die Erde früher eine Scheibe?

Früher konnten die Menschen die Erde nicht mit eigenen Augen sehen und mussten sich selbst ein Bild vorstellen.

Sie stellten sich die Erde als Scheibe vor, die über drei Stockwerke ging. In der Unterwelt waren die Toten, im mittleren Stockwerk lebten Menschen, Tiere und Pflanzen und das obere Stockwerk war der Himmel. Dort wohnten die Götter.

Aufgabe 1: *Mache eine Zeichnung von der Erde, wie sie sich die Menschen früher vorstellten.*

Aufgabe 2: *Was wäre mit den Menschen und Tieren passiert, wenn sie an den Rand der Erdscheibe gekommen wären?*

Der griechische Forscher **Aristoteles** ahnte schon vor über **2.200 Jahren,** dass die Erde eine Kugel sein müsste.

Er entdeckte, dass man bei näher kommenden Schiffen die Mastspitze zuerst sieht. Je näher das Schiff kam, desto mehr konnte man vom Mast und dann den Rumpf sehen.

Beweisen, dass die Erde eine Kugel ist, konnte das erst viel später der portugiesische Seefahrer **Fernando Magellan** bei seiner ersten Weltumsegelung im 16. Jahrhundert.

Aufgabe 3: *Wodurch konnte Magellan das leicht beweisen?*

KOHL VERLAG Erforsche Planeten und Sterne Sachunterricht Grundschule – Bestell-Nr. 11 722

42 Lösungen

1

Aufgabe 1 a):

Aufgabe 1 c):

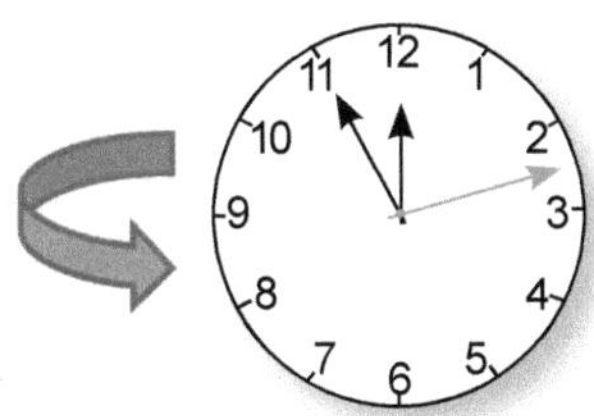

Aufgabe 2: Mond – Stern – Planet – Umlaufbahn

Aufgabe 3: Es fehlt die Erde

4

Aufgabe 1:

Jupiter
Saturn
Uranus
Neptun

Merkur
Venus
Erde
Mars

Aufgabe 2: Sonne – Merkur – Venus – Erde – Mars – Jupiter – Saturn – Uranus – Neptun

5

Aufgabe 1: Möglicher Text: Ich möchte den Saturn besuchen, weil er mit seinem Ring der schönste Planet ist. Ich möchte wissen, ob man mit einer Mondkapsel durch den Ring fliegen kann.

Aufgabe 2:

			M															
			A								J	U	P	I	T	E	R	
		E	R	D	E													
			S															V
																		E
																		N
N																		U
U																		S
T				U												S		
P				R												A		
E				A												T		
N				N												U		
				U												R		
				S												N		
				M	E	R	K	U	R									

6

Aufgabe 1: Merkur = 4.878 km; Mars = 6.794 km; Venus = 12.103 km; Erde = 12.765 km; Neptun = 49.532 km; Uranus = 51.118 km; Saturn = 120.536 km; Jupiter = 142.984 km

Aufgabe 2: Merkur – 4 cm – Nagel; Venus – 5 cm – Apfel; Mars – 2,5 cm – Daumennagel
Jupiter – 55 cm – Stuhlsitz; Saturn – 50 cm – Sofakissen; Uranus – 20 cm – Buch;
Neptun – 20 cm – Heft

7

Aufgabe 1: 1 = C, J; 2 = F, B; 3 = E, M; 4 = A; 5 = H, L, N; 6 = G; 7 = D; 8 = K, I

Aufgabe 2: 1 2 3 4 5 6 7 8

8

Aufgabe: Gesteinsplaneten: Mars, Venus, Erde, Merkur; Gasplaneten: Jupiter, Saturn, Uranus, Neptun
Schlaumeier: Durch die Million Jahre andauernden Umdrehungen runden sie ab.

9

Aufgabe 1: Lückentext: Planeten – Gasen – kalt – flüssig – schwer – Atmosphäre – fliegen – Gemisch

Aufgabe 2: Das Eis im Glas mit der Folie schmilzt zuerst, weil die luftdichte Folie den Treibhauseffekt nachahmt.

KOHL VERLAG
Erforsche Planeten und Sterne
Sachunterricht Grundschule – Bestell-Nr. 11 722

42 Die Lösungen

10 **Aufgabe 1:**

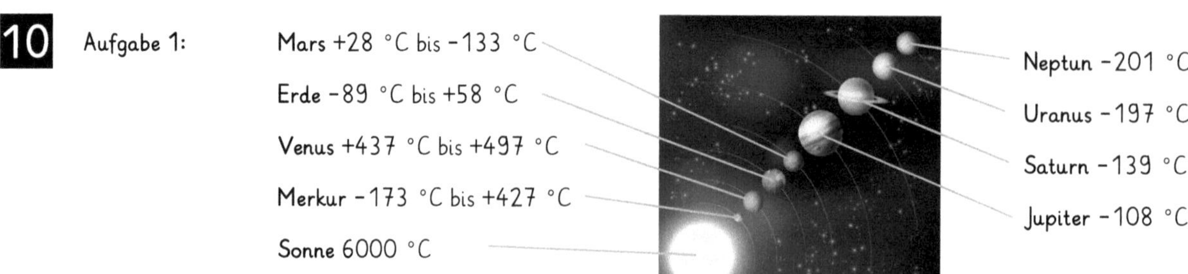

11 **Aufgabe 1:**

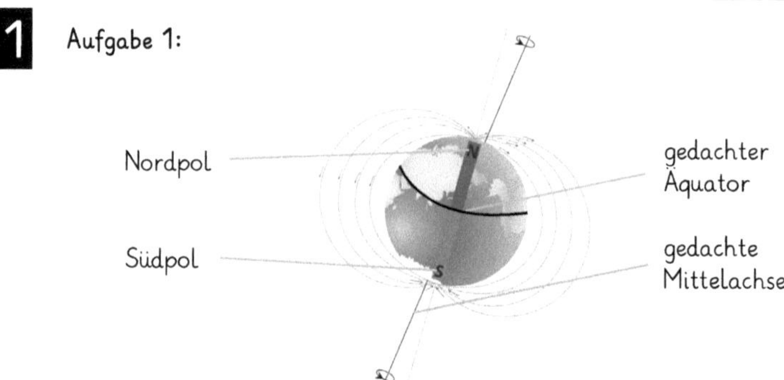

Aufgabe 2: Die Erde dreht sich <u>GEGEN</u> den Uhrzeigersinn.

12 **Aufgabe:** Die Sonne würde mit ihrer Schwerkraft alle Planeten schlucken.

13 **Aufgabe 2:** <u>Mögliche Gegensätze</u>: saßen – stehend Leute; tiefes Schweigen – fürchterlichem Krach; blondgelockt – kohlrabenschwarzem Haar; alte Schrulle – erst 16 Jahr; Butterstulle – mit Schmalz bestrichen; Frühling – Pflaume; Regennasse Straße – wirbelte Staub; Hände in Taschen – hielt sich Augen zu; Zwei Fische – liefen; Liegend – saß auf Nachttopf

Aufgabe 3: individuelle Lösung

Aufgabe 5:

						D													
						U							U						U
				U		R	S		M			a	M		E			E	M
			H	M		C	O		O	W		T	L		N			R	K
	V		a	L		H	N		N	a	T	M	a		T			D	R
	O		L	a		M	N		D	N	E	O	U	E	F			E	E
	L		B	U		E	E		P	D	M	S	F	I	E			N	I
	L		M	F	W	S	N	M	H	E	P	P	B	N	R	S		T	S
	M		O	Z	I	S	L	O	a	R	E	H	a	F	N	O		F	E
S	**O**	**N**	**N**	**E**	**N**	**E**	**I**	**N**	**S**	**T**	**R**	**a**	**H**	**L**	**U**	**N**	**G**	**E**	**N**
I	N	E	D	I	K	R	C	D	E		a	E	N	U	N	N	E	R	
C	D	U		T	E		H	N	N		T	R		S	G	E	S	N	
H		M			L		T	a			U	E		S			T	U	
E		O						C			R						E	N	
L		N						H									I	G	
		D						T									N		

14 **Aufgabe 1:** individuelle Lösung

Aufgabe 2: Die Erde und der Mond ziehen sich gegenseitig an. Durch die Anziehungskraft des Mondes entsteht ein Flutberg. Der Mond zieht das Wasser zu sich heran. Dadurch ist an anderen Stellen zu wenig Wasser. Es ist Ebbe. Auf der Gegenseite der Erde erzeugt die Fliehkraft einen Flutberg. Die Fliehkraft entsteht durch die Drehung der Erde.

15 **Aufgabe 1:**

- [x] Kein Leben wäre mehr möglich.
- [ ] Es würde nichts ausmachen.
- [x] Alles Wasser würde zu Eis.
- [x] Tiere und Pflanzen würden sterben.
- [ ] Menschen basteln sich eine Sonne.
- [x] Es würde -280 °C kalt werden.
- [ ] Die Menschen würden weiter leben.
- [x] Die Luft würde gefrieren.

Aufgabe 2: Sauerkraut – Segen – pellen – meiden – nehmen – heiß – doof

Aufgabe 3: 12.765 km

Aufgabe 4: Zutreffende Sätze: Satz 5, 6 und 8.

42 Die Lösungen

16 **Aufgabe:** a) Sonne; b) Uranus, Venus, Neptun, Mars, Erde, Saturn, Jupiter, Merkur; c) gegen den Uhrzeigersinn; d) Die Sonne ist ein Stern und der Mond ist weder Stern noch Planet; e) Die Erde ist der „blaue" und der Mars der „rote" Planet; f) Der kleinste Planet ist der Merkur und der größte ist der Jupiter; g) Kruste, Mantel, Kern; h) Merkur, Erde, Venus und Mars i) Luftkugel; j) Die Schwerkraft hält sie auf ihrer Umlaufbahn; k) von der Sonne; l) Ebbe und Flut und der Mond bewirkt sie; m) Sonnenprotuberanz.

17 **Aufgabe:** individuelle Lösungen

18 **Aufgabe:** Möglicher Text: Etwas Persönlicheres kann man nicht schenken: Ein Stern mit dem eigenen Namen. Natürlich erhalten Sie ein Originalfoto ihres Sterns und eine wundervoll gestaltete Urkunde mit dem Namen des Besitzers. Foto und Urkunde auf hochwertigem Papier ist für uns selbstverständlich! Es erfolgt eine namentliche Eintragung in unser Sternenregister. Eine Sternkarte gibt Auskunft über die Lage des Sterns im Weltall. Alle Unterlagen erhalten Sie in einer wertvollen Mappe. Einmaliges Angebot: Nur 250 Euro!

19 **Aufgabe:** individuelle Lösungen

20 **Aufgabe 1:** 7,5 Mal **Aufgabe 2:** 4,24 Lichtjahre

Aufgabe 3: 40.000.000.000.000.000 (40 Billionen) km; 1,2 Sekunden; 48 Stunden

21 **Aufgabe:** individuelle Lösungen

22 **Aufgabe 1:** Möglicher Text: In den letzten 60 Jahren starteten über 60 Satelliten ins Weltall. Mittlerweile durchkreuzen Millionen Stücke als Weltraummüll unser Sonnensystem. Die Teile können groß wie Lastwagen, aber auch kleiner als eine Erbse sein. Bei dem Müll handelt es sich um abgestoßene Raketenstufen, Trümmerstücke aus Explosionen und Zusammenstößen von Raumfahrzeugen. Die Trümmerteile rasen mit 36.000 km/h um die Erde. Die Anziehungskraft der Erde zieht die Müllteile an. Sobald sie in die Erdatmosphäre eintauchen, verglühen sie meistens. Stücke, die unsere Erde im Abstand von 1.000 km umkreisen, bleiben über 100 Jahre auf ihrer Bahn. Der Müll ist eine Gefahr für bemannte Raumfahrzeuge. Trifft ein nur 10 cm großes Stück ein Fahrzeug, hat es die Wirkung von 25 Stangen Dynamit.

Aufgabe 2: Mögliche Idee: Raumschiffe und Satelliten bauen, die man zur Erde zurückholen kann.

23 **Aufgabe:**

1. In seinem Innern wird ständig Wasserstoff in Helium verwandelt.
2. Der Stern leuchtet.
3. Irgendwann lässt die Verwandlung von Wasserstoff in Helium nach.
4. Die Hülle beginnt sich auszudehnen und kühlt ab.
5. Beim Ausdehnen beginnt die Hülle rot zu glühen.
6. Der Stern wird zum „Roten Riesen".
7. Die äußere Hülle des Sterns besteht nur noch aus Wasserstoff.
8. Wenn alle Gase verbraucht sind, beginnt der Stern zu sterben.
9. Seine Anziehungskraft drückt die Reste der Sternmaterie zusammen.
10. Der Stern ist ein schwarzer Zwerg geworden.

24 **Aufgabe:** individuelle Lösung

25 **Aufgabe 1:** Möglicher Text: „Wir kommen vom Stern Mimo. Ihr auf der Erde seht so scheußlich aus. Können wir euch helfen und euch verschönern?"

Aufgabe 2: Möglicher Text: 1. Alien: Der ist zu dick und zu schwer.
2. Alien: Nee, den können wir nicht auf unseren Stern beamen
1. Alien: Wir machen aus dem Dicken zwei Schlanke.
2. Alien: Und wir streichen beide grün an.
1. Alien: Alles blöde Ideen! Eigentlich können wir mit ihm nichts anfangen
2. Alien: Besser wir schicken ihn einfach zurück!

26 **Aufgabe 1:** individuelle Lösung

Aufgabe 2: individuelle Lösung

Die Lösungen

27 Aufgabe: Sinnlose Wörter: Milchpickeln, Milchmesser, Milchschuhe, Milchkappe, Milchortschaft

28 Aufgabe: individuelle Lösung

29 Aufgabe 1: 50.000.000.000.000.000 km

Aufgabe 2:

30 Aufgabe: Möglicher Text: Der Wagen müsste viele Räder haben, die sich einzeln in alle Richtungen lenken lassen, damit er sich selbst aus dem Sand befreien kann.

31 Aufgabe: individuelle Lösungen

32 Aufgabe 2: individuelle Lösung

33 Aufgabe: Möglicher Text: Sehr geehrte Damen und Herren von der ESA! Ich bin an dem Beruf des Astronauten interessiert und möchte mich für die Ausbildung bewerben. Ich heiße Peter Nass und bin 29 Jahre alt. Mein Studium der Medizin habe ich an der Universität von Kent in England abgeschlossen. Daher kann ich fließend Englisch sprechen. Anschließend habe ich in der Forschung in Uris in Russland gearbeitet. Ich spreche die russische Sprache flüssig. Mein Gesundheitszustand ist sehr gut und ich betreibe regelmäßig Sport. Ich hoffe, dass ich damit alle Voraussetzungen für eine Ausbildung erfülle.

34 Aufgabe:

1. Problem: Sie müssen ihre Schlafsäcke an der Liege festschnallen und hineinkriechen.
2. Problem: Sie waschen sich mit feuchten, seifigen Tüchern.
3. Problem: Das WC ist an eine Art starken Staubsauger angeschlossen.
4. Problem: Müsli gibt es aus der Tube, die man direkt an den Mund setzt. Kaffee trinkt man mit dem Strohhalm aus der Packung.
5. Problem: Es gibt Zahnbürsten mit „eingebauter" Zahnpasta. Das Wasser spuckt man sehr vorsichtig in eine Tüte.

35 Aufgabe:

- [x] Ob sich Menschen und Tiere an die Schwerelosigkeit gewöhnen.
- [x] Wie sich die Schrumpfung der Knochenmasse beim Menschen im Weltall stoppen lässt.
  Bleiben Menschen länger im Weltall, verlieren sie Teile ihrer Knochenmasse. Ihre Knochen werden dünner und brüchiger.
- [x] Wie man eine künstliche Anziehungskraft herstellen kann.
  Damit würden die Knochen wieder stärker belastet als in der Schwerelosigkeit und schrumpfen nicht mehr.
- [ ] Wie Nebel und Regen entstehen.
- [x] Wie sich das Klima für die Erde verändert.
  Durch Fotos aus der ISS kann man Klimaveränderungen besser erkennen.
- [x] Wo noch Bodenschätze wie Öl auf der Erde zu finden sind.
- [ ] Wie viele Länder es auf der Erde gibt.
- [x] Wie die Menschen das Essen im Weltall wieder schmecken können.
  Die Geschmacksnerven sind im Weltall wie gelähmt. Deshalb kann man das Essen nicht schmecken.
- [ ] Ob man Regenkleidung benötigen wird.

KOHL VERLAG Erforsche Planeten und Sterne Sachunterricht Grundschule - Bestell-Nr. 11 722

42 Die Lösungen

36 **Aufgabe:**

Möglicher Text:

S onne wird von Mond verdeckt.
O hne Sonne ist es stockdunkel.
N icht in allen Gebieten der Erde ist es stockdunkel.
N ur in einigen.
E s kommt darauf an, wo man auf der Erde steht.
N ur dann spricht man von einer teilweisen Sonnenfinsternis.
F ür eine Sonnenfinsternis müssen Sonne, Mond und Erde in einer Linie stehen.
I n 400-mal weiterer Entfernung steht die Sonne.
N ur Minuten dauert die totale Sonnenfinsternis.
S onne, Mond und Erde stehen in einer Linie.
T eilweise Sonnenfinsternis
E ine totale Sonnenfinsternis bringt einigen Gebieten Dunkelheit.
R ichtig lange dauert eine Sonnenfinsternis nicht.
N ur 8 Minuten ist es stockdunkel.
I n 8 Minuten ist alles vorbei.
S onne und Mond sehen von der Erde gleich groß aus.

37 **Aufgabe:**

Möglicher Text:

							F				E		
							I				I		
		S					N		D		N		
		C					S		U		T		
		H					T		R		a		
		a		M			E		C	a	U		
		T		O			R		H	N	C		
		T	E	N		G	N		Z	S	H	Z	
	V	E	R	D	W	E	I		I	T	E	W	
M	**O**	**N**	**D**	**F**	**I**	**N**	**S**	**T**	**E**	**R**	**N**	**I**	**S**
O	L		S	I	R	a		O	H	a		S	O
N	L		C	N	F	U		T	E	H		C	N
D	M		H	S	T			a	N	L		H	N
	O		a	T				L		E		E	E
	N		T	E						N		N	
	D		T	R									
			E	N									
			N	I									
				S									

38 **Aufgabe:**

individuelle Lösung

39 **Aufgabe 2:**

Möglicher Text: **a)** Er steht bei dem Planeten Venus; **b)** Er ist ein Komet; Man erkennt den Kometen an seinem Schweif; **c)** Der Mond denkt: Was will der Wicht hier: **d)** Der Mond bläht sich auf vor Eifersucht auf den schönen Kometen; **e)** Die Venus glitzert und Juno lacht; **f)** Er fliegt weiter in den Weltraum.

Aufgabe 3:

Der Halleysche Komet wird im Jahr 2061 wieder zu sehen sein.

42 Die Lösungen

40 Aufgabe 1:

Aufgabe 2: Möglicher Text: Vor 80.000 Jahren bin ich durch das Weltall gerast. Ich hatte eine ganz schöne Geschwindigkeit drauf und das trotz meines Alters von einigen Millionen Jahren. Ab und zu flog ich an einem Planeten vorbei, die mich anziehend fanden. Ich sie aber nicht und flog weiter. Dann entdeckte ich einen Planeten, der mir gefiel und ich ließ mich auf ihn plumpsen. Ich war ein Schwergewicht und so riss ich einen großen Krater in den Boden. Das war mir peinlich, denn kaputt machen wollte ich ihn nicht. 1955 haben mich die Menschen ausgebuddelt und mir den Namen Hoba gegeben, weil ich auf das Land der Hobafarm gefallen war. Nun werde ich von Touristen bestaunt.

Aufgabe 3: Das Eisen stammt von einem Meteoriten, der auf die Erde gefallen war.

Aufgabe 4: individuelle Lösungen

41 Aufgabe 1: individuelle Lösung

Aufgabe 2: Am Rand der Erdscheibe wäre es gefährlich geworden, denn sie hätten ins Nichts stürzen können.

Aufgabe 3: Die Erde ist eine Kugel und keine Scheibe! Sonst wäre Magellan mit seinem Schiff am Rand heruntergefallen.